U0052012

HENNA
手繪召喚幸福的圖騰

陳曉薇——著

推薦序

只要拿起筆就有六十分

從曉薇手上接到這本書的初稿時，真是只有「驚佩」二字可以形容。

雖說HENNA在台灣已現踪近二十年，首次有條不紊的整理成冊出書，這還是全台第一本，讓有興趣的人更方便入門。

依我看來，畫畫無需天分，絕對是要輕鬆愉快，隨心、隨興就做得到。

而HENNA就具有這種隨心、隨興的特質，輕鬆的線條、無設限的延伸。以「體」為畫布、「指甲花顏料」為筆，再配合身體的起伏游走，把方圓傳達於墨線間……「畫畫」就應該如此輕鬆、自在，是件完全無負擔的人生樂事。

無奈的是，在華人社會教育觀念裡，從小被「評分」給扼殺想像；長大點又被「學業」阻饒；成年後轉而被「事業」牽絆；老了想提筆，只張口的「畫評」就站在面前伸指插腰……

畫畫——其實是可以隨手拿起紙、筆，隨意畫著線條表達心情，不要太在意外界的眼光而遲疑想畫的心。

我之所以會常說：只要肯拿起筆，就有六十分。

其實，大多數人就是因為在意而無法隨意呀！

無論是史前人的洞穴塗鴉或是名流千古的藝術大師們……在在都以畫畫留下生活、生命的美麗。

而雖然我現在大多時間是使用「針具」揮毫，但這也僅是工具的不同，但想要畫畫的心意是依然沒變的！

繁多的器具與素材，皆能造就美麗世界，HENNA只是這多種選項的其一，無需太在意他人淺短的批評，無需目的，「畫畫」就是如此的隨興簡單。

1967年出生在台北城

1985年脱苦海於台北縣永和市小巷中的那個學校。

1987年開始義務在軍中訓練小兵。

1989年役畢脱胎換骨，也展開賴以為生的畫畫生涯。

1996年成立MASTER TATTOO工作室以血汗交織大眾。

2005年又立MASTER COW概念T恤製作的沒完沒了。

直到現在仍為了五斗米繼續努力……

推薦序

藝術的細胞不曾停止跳動

本書作者陳曉薇是我的二嫂，我與二嫂很有緣，她大我四歲，小時候我們住在同一個村子裡，後來我念醫學院的時候，有年暑假我突然想學畫畫，就在家裡村子附近找了一間畫室學素描，沒想到，二嫂當時也是畫室裡的學生。由於眷村的環境很單純，她一看到我就知道我是牛家人，還主動與我聊天，有時我們也會分享對於繪畫方面的心得，因此，我們共同的興趣就是「繪畫」。

當時一直有個媽媽很喜歡的女孩暗戀著二哥，那女孩沒事就往家裡跑，但緣份就是這麼奇妙的事情，二哥始終對這女孩沒啥興趣。有一次上素描課，我有點半開玩笑的跟二嫂表示二哥在國中時曾經暗戀過她，沒想到，因為如此讓二嫂注意到了二哥。當時的我一直忙於課業、打工，等我知道時，他們已經論及婚嫁，於是二嫂順理成章的成為我的親人。

當初認識二嫂時，她在卡通公司任職，因為不是美工科班出身，所以才會跑到畫室學素描。新婚時因為二哥在新竹身任軍職，所以二嫂放棄喜歡的卡通動畫一職，遷居到新竹。因為二嫂的父親過世而遷回台北，之後就一直在出版公司上班，擔任美術編輯的工作。後來因為媽媽走了，孝順的二哥擔心我父親一個人孤單，於是就請二嫂將工作辭了，專心的在家裡照顧父親。

雖然，因為孝與愛，二嫂必須放棄她自己喜歡的工作，然而，她並沒有放棄對於藝術的熱愛，一有時間，她就會醉心於繪畫、舞蹈的世界，也因為如此，她漸漸鑽研指甲花的圖騰藝術，透過對於這門藝術的熱愛與專注，她希望將這份熱忱分享給同樣愛好這門藝術的人，因此有了這本書的誕生。二嫂對我來説，一直像是一位大姊姊般，給身為弟弟的我許多指引與關懷，現在她出書了，我衷心的盼望您透過這本書，也能像二嫂一樣從中領略其中興味！

牛爾

簡介

四十五歲A型水瓶座奇男子，小時候因受母親銷售化妝品的影響，對保養品充滿好奇心，十二歲時開始使用保養品，並開始自行將家裡廚房材料調製成面膜使用，自醫學院畢業後便開始踏入美容界，至今已超過二十年，目前為自由作家及Naruko品牌創辦人。

推薦序

神給人間最好的禮讚

人類尚未穿衣蔽體，就開始學會裝飾自己的身體。印度安達曼群島的原住民們，以豬油和粘土混合起來塗在身上防熱，又可保護皮膚不被蚊蟲叮。賽德克族在臉上刺青，為取得百年後可進彩虹橋。

古人為了去邪、祈福、儀式、戰爭、娛樂、階級等等，相互畫自己身體，全世界各地不約而同出現了刺青、紋身、臉譜、彩繪……而指甲花（HENNA）即是其中最獨特的一種表達藝術。

在印度次大陸，包括了巴基斯坦，尼泊爾和孟加拉稱指甲花（HENNA）為曼海蒂（Mehndi）這字源自於古梵文的字根Mendhikā.轉音的稱謂。

三千八百年前《吠陀經》中記載，在吠陀儀式中，祭師以薑黃及其他天然塗料抹在身上的古老習俗。在儀式中，身上塗抹太陽圖騰，代表人體中內在的能量，也具有「喚醒內在的能量awakening the inner light」的神聖象徵。

指甲花也是《阿育吠陀》和中國漢方草藥「海」，都是非常重要的植物，指甲花具有改善頭痛、肝臟疾病、皮膚病和護髮的療效。直到今天，印度教的教徒和在額頭畫西瓦神的三叉戟三線，苦行僧（Sadu）在全身以灰粉或檀香膏塗抹身體，是源於宗教信仰的虔誠和神的守護。

公元六世紀，德干高原阿旃陀石窟上的菩薩，使用指甲花的壁畫仍然清晰可辨。歷經幾千年，在時代遞嬗中，印度和來至不同文化的相互激盪，指甲花的起源從在功能性及草藥、宗教儀式上的用途，走到藝術美學的複雜設計圖騰，是歷經漫長的歷史長河的演繹。

印度公元一至六世紀，古典文學《愛情寶典 Kama Sutra》中，指導印度婦女應學習指甲花的紋身藝術「著色的牙齒，絲綢華服，烏黑亮麗頭髮，美彩指甲，和誘人的體香。」化妝要充分打扮合自己上層種姓的風格。至今許多印度婦女及傳統舞蹈，仍然以古老的方式化妝，使用傳統的染料著色，臉和手臂被染成黃色的藏紅花粉末，腳底都用指甲花染紅，此已為印度化妝美學的典範。

在印度從婚禮儀式中，新娘開始以指甲花來裝點自己的手、腳後，逐漸提昇指甲花彩繪的人文美學，讓印度指甲花彩繪藝術達到前所未有的高峰，成為印度文化中，非常獨特奇葩。

在二十世紀，九零年代末西方開始流行，成為時尚裝飾，他們稱為指甲花紋身（HENNA tattoo），西方人對這來自印度的指甲花紋身藝術，趨之若鶩，並不只局限於新娘，女性、男性皆宜。指甲花和時尚結合，彩繪人體的面積更擴大到身體每一個部位，圖騰不受限，自由揮灑，成為時尚的新主張。

歐美從時裝秀，私人派對，園遊會、社區活動、跳蚤市場都可以看到現場彩繪的藝術家的攤位。很多國家還將指甲花同紋身（tattoo）一起舉辦比賽。

跨國界、跨宗教的指甲花藝術，不僅充滿了神祕的異國風，是人類老祖宗現存於世上的活化石。透過藝術家的巧手及創意，比電腦的繪圖還要寬廣，指甲花這古老的傳統藝術生生不息方興未艾。

曉薇老師因印度舞蹈文化的因緣際會，在無師自通下，投入指甲花的彩繪藝術，時間非常短，從她的作品中，令人難以致信，她僅不到兩年的藝齡。

我不從「天分」角度來讚美她，從她長達二十多年的美術編輯和她對編織的造詣，當她開始熱情的投入指甲花的研發工作，之前一脈相傳藝術美學的品味，其實是互通的。也由於他不是科班出身的指甲花藝術家，反而給曉薇帶來更多藝術的橫向及縱向的思維。她也少了傳統的束縛，使她的作品，非常個性化，作品更具包融性。對印度華麗而言，她的作品更顯得簡約之美。

由於她不是印度人，也不是印度教，更不是穆斯林，所以彩繪是看似印度教，但又具有穆斯林幾何風。有時她的彩繪看是像穆斯林，其實又涵蓋了印度教元素。天馬行空、自由自在就是她的特色。曉薇指甲花的心路歷程給後學者最大的正向鼓勵。

不同文化的指甲花傳統圖騰，依附在多元文化的自由的創作，令指甲花遍地開花。它豐富美麗的藝術是跨越種族，宗教、國家的。它的藝術文化及精神是無國界。指甲花真善美的藝術，是上天給人間最好的禮物。

台灣近十年來興起的印度風，透過印度文化節、印度電影、音樂舞蹈，指甲花也被介紹到台灣來，如今曉薇出版這本流暢簡易的指甲花書，由淺入深。

個人對曉薇的作品欣賞不已，拜讀初稿後，深感是指甲花入門的好書，在本書付梓之際，本人有幸且樂之為序，樂為推薦。

吳德朗

簡介

台北印度愛樂中心創辦人吳德朗

推薦序

一起享受蔓蒂彩繪所帶來的樂趣吧！

在學習蔓蒂彩繪的道路上，一開始我是孤獨的，因為在台灣的資訊並不多，更別提會畫的人了。然而這一切的發生就是那麼自然，就像第一次拿到顏料的時候，我也從沒想過之後我會在這條路上鑽研到現在，就連遇到曉薇，也是那麼自然的一拍即合。

在傳統蔓蒂彩繪的世界裡，通常知識與彩繪技巧是透過口耳相傳而來，也就是傳統的師徒制。雖然在印度當地已經是結合成為婚禮習俗的一個文化，在台灣卻還是個很封閉的市場，所以從我接觸開始，大部分的學習方式都還是從網路截取喜歡的圖騰，一筆一筆的慢慢模仿練習而來。當時並沒有人可以教我任何技巧，只好土法煉鋼的到處找人來練習手感，一畫就是好幾個小時。而在沒人可以給我畫的時候，就是拚命畫自己的左手。所以有很長的一段時間，我的左手經常是滿滿的圖，右手卻是空空的。（笑）

蔓蒂是一種很特別，跟其他繪畫不太一樣的彩繪。因為它只有單色，所以必須得著重在圖騰的細緻度上去做變化。而擠顏料膏的過程就像是一種耐性訓練，因為稍微一不小心就可能產生顏料暴衝的情況，有時甚至得憋著氣下筆，因此我也戲稱這是另類的書法繪畫。

認識曉薇是個很特別的經驗，因為她不但跟我有類似的學習過程，她更是個很樂於分享的朋友，雖然一開始我們是透過他人的轉介而認識，但很快的進展到隨便都可以聊三個小時電話的好友，她是個內心有個可愛女娃的大女孩，看到美好的事物都會想要分享給身邊的人，所以當她的朋友是很幸福的。

也因為我們對蔓蒂彩繪有著同樣的熱情與喜愛，就這樣搭起了我們的緣分。

閱讀到這本書的朋友，你們是幸福的，因為在彩繪的道路上一開始你們就不再孤單。書中所整理的資料，可以讓你們很快了解這個彩繪的特性並且上手。關於這本書的發行，也是希望透過這樣的方式，讓更多人進入這個祝福彩繪的世界。一個天然無負擔的自然彩繪，一個可以輕易交到朋友的彩繪，一個可以大家互動隨性發揮的彩繪，一個傳遞幸福與祝福的彩繪。

這本書只是一個開始……讓我們一起享受蔓蒂彩繪所帶來的樂趣吧！

簡介

蔓蒂・艾伊莎 Mehndi Aisha

2008.05 拿到第一管顏料，開始了蔓蒂（註1）彩繪的自學

2010.01 台中精明一街創意市集開始擺攤人生

2010.05 取得新北市街頭藝人表演證

2010.10 台北當代藝術館-蔓蒂彩繪講座

2011.01 公視「下課花路米」媒體露出介紹蔓蒂彩繪

2011.02 雲門舞集大會師——蔓蒂彩繪教學

2011.03 Juicy couture 記者發表會暨VIP蔓蒂彩繪PARTY

2011.07 雲門舞集兒童夏令營蔓蒂彩繪教學

2011.11 諾富特機場飯店印度美食節——開幕活動暨蔓蒂彩繪PARTY

2012.05 成立「蔓蒂藝術中心」（註2）

更多關於艾伊莎的故事內容

Facebook : **蔓蒂・艾伊莎**

Blog: http : //mehndi.pixnet.net

（註1）Mehndi（蔓蒂）是印度語中用來描述HENNA植物，HENNA彩繪以及HENNA設計的意思。

（註2）蔓蒂藝術中心：https://www.facebook.com/MehndiArtCenter

自序

與HENNA的相遇

因緣際會下到Amanda舞蹈教室運動學印度舞，使生活變得多采多姿，同時也開啟了藏在我內心裡的另一個我。

從小我就喜歡古老、具歷史、特色的老東西，也一直覺得我是從另一個時代飛越時空來到現代，但隨著工作、結婚、生子後，那個「我」便慢慢隱藏起來，一直以來也遺忘那個「自己」。在接觸印度舞後，開始了解印度的風俗人文，隱藏在內心的那個「我」悄悄甦醒，希望在視力漸漸退化前，還能「作」些什麼，就此開啟了我積極進行「想作」的事。

同學介瑾送我一條HENNA的繪圖材料，開啟了我通往印度傳統HENNA彩繪之路。剛開始只有自己的左手和雙腳可畫，所以就在紙本上練習繪畫圖案，畫著畫著以前在宏廣畫動畫的感覺慢慢回來了，想想結婚也二十多年，也表示有二十多年沒再畫畫，就這麼畫著畫著從本身自學、研究、整理、畫出的心得，在搜尋資料的過程中發現有許多人喜歡HENNA，但苦於無從下手，因此，希望讓有興趣的人容易上手，也期待更多有興趣學習的人，也期待商人願意進口更多不同的材料，讓大家創作出更好、更多元的彩繪作品。

自學HENNA符號＆邏輯

從小就喜歡蕾絲編織，蕾絲對我而言，只是學會認識一些基礎符號並且編織，當這些符號交雜在一起時，就產生不同的美麗圖案，如此一點一點看著編織書慢慢摸索研究，發展出編織的能力。在找不到HENNA相關書籍的同時，基於這樣的邏輯，我將HENNA圖騰拆解成一個個基礎符號，將每個符號分門別類整理，學會基本符號，以不同符號組合在一起，就產生不一樣的圖騰。就這麼一點一滴，開始製作講義，希望有興趣的人可藉此學習、上手，慢慢創作出自己的專屬圖騰。

從此，我栽入HENNA的土壤裡，一點一點茁壯。也謝謝出版社願意將講義出版成書，也因為有出書計畫，讓我的人生也因此更加精采、豐富，讓我認識許多同好，尤其認識 Aisha 常常在Skype聊上三個小時，開心的分享畫HENNA心得。

因為參加印度文化義工而認識吳德朗先生，能獲得吳先生首肯幫我寫序，讓我倍感榮幸。吳先生在印度文化上的鑽研不遺餘力，感謝吳先生幫我補述詳細歷史，因為個人較為專注於HENNA的圖騰分析、教學。

感謝我的小叔牛爾百忙中仍抽空替我寫序，也謝謝大毛老友願抽空看我的初稿，並提筆幫我寫序，感謝願意來學習這門藝術的學生，更感謝蔡麗玲總編獨具慧眼看到印度身體彩繪的美，在我初出茅廬時願意與我簽下出書的合約，感謝詹凱雲編輯花心力將我的一堆手稿中整理出分類頭緒，才能讓書的編輯更臻完善，更感謝買書人的支持，許許多多的感謝，無法在此一一言謝，最後還是謝謝大家。

在自己研究HENNA的搜尋過程中，發現有一位HENNA的愛好者，一直過著吉普賽人的生活方式，沿路旅遊拍照，到了有市集的地方就停留替人畫HENNA，看著一張張照片，入鏡的人們開心地與身上的HENNA圖騰合影，我也跟著開心的笑，原來開心是如此簡單，我也希望讓我畫過的人是開心的，因為畫得當下心情是愉悅的，同時也將幸福傳遞給予了對方。

或許喜歡HENNA的人，彼此間都有條隱形的繩子牽引著彼此……

只要曾經的「夢想」仍在

學習HENNA彩繪時需平心靜氣，氣穩住了，手中所繪製出來的每一個線條自然流暢優美，非常有安定人心的效果，有繪畫基礎的人經由教導解說後會很快上手，不出三小時即能有絕佳的作品。學習的目的不在於能夠臨摹得有多像，而是能夠創造出精彩的創意，所以沒有繪畫基礎也可以來嘗試，反而會跳脫出不凡的構圖喔！歡迎大家一同來進入HENNA彩繪的藝術世界。

每個人都有「夢想」，我從沒想過年輕時的夢想能有完成的一天，雖然我還沒完成，但我確定自己正在這條路上朝向目標走去，別遲疑！大家都可以做到的，只要你的「夢想」仍在……

陳曉薇

1963年出生

1985年進入宏廣卡通展開卡通繪畫生涯

1988年離開台北而脫離畫卡通的世界

1990年因父親過世，重回台北也展開新的生活

1991年進入康軒文教展開了十八年的美術編輯生涯

2008年回歸家庭作專職家庭主婦

現致力推廣HENNA創作、教學

作者網址

「HENNA-Samantha-Chen」FB專頁網址

https://www.facebook.com/pages/HENNA-Samantha-Chen/295687503789753

「蕾絲編織」FB專頁網址

https://www.facebook.com/pages/蕾絲編織/187922767948839

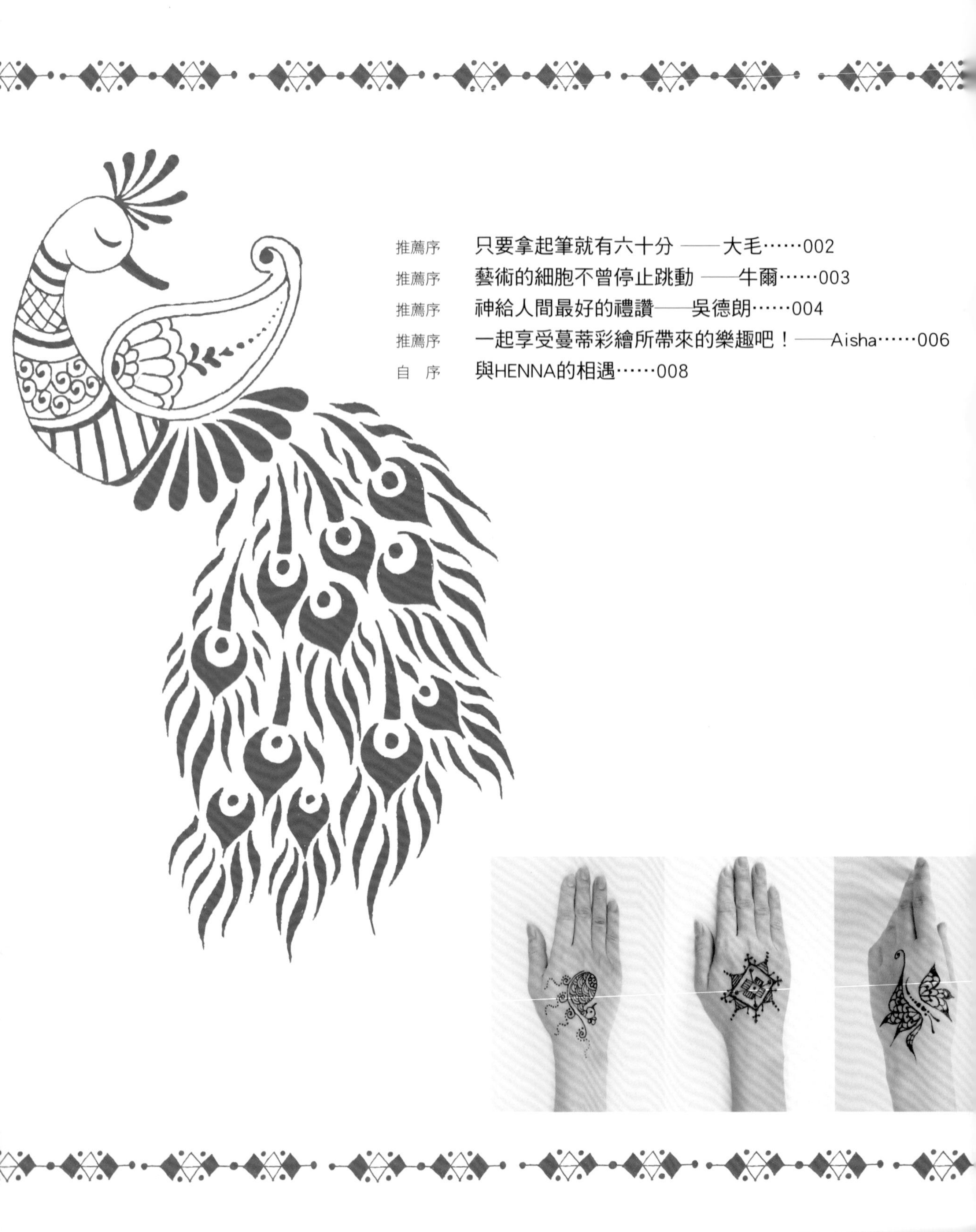

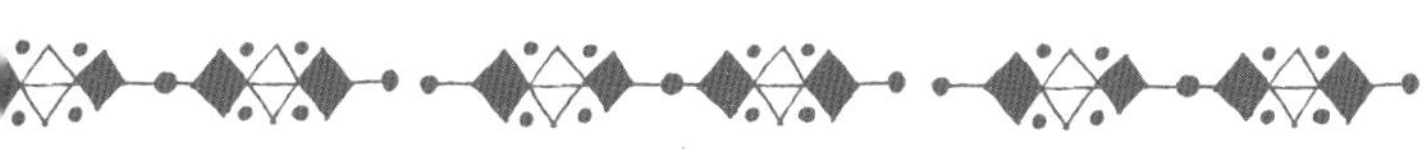

Contents

PART 1

PART 2

PART 3

PART 4

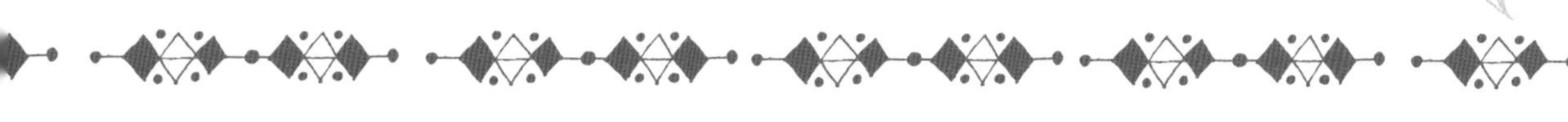

PART 1

作品欣賞

HENNA

HENNA

優雅的花卉

優雅的花卉、孔雀停靠，

展現獨特的韻味，神祕中帶種幽靜，引人冥思。

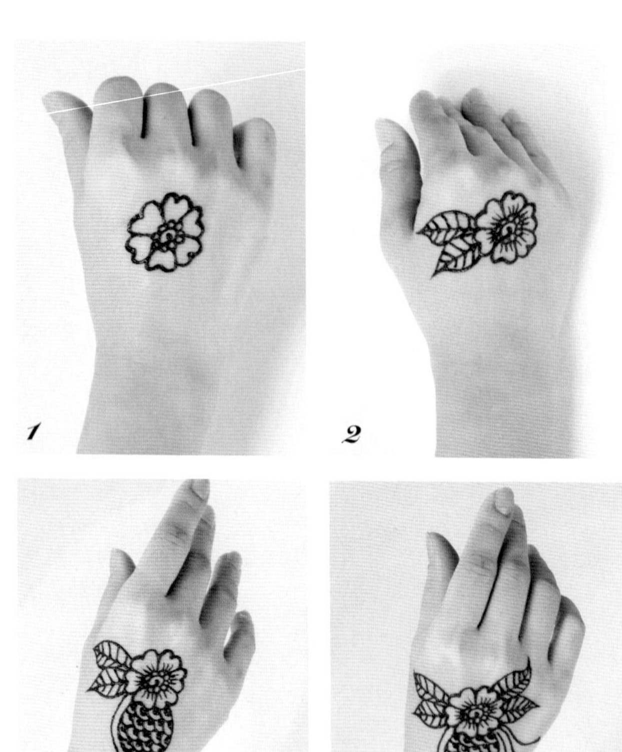

1 先選好要畫的位置，畫上花朵。

2 在花朵的左邊畫上兩片葉片。

3 接著畫上孔雀。

4 在孔雀旁畫上一條平行線，結束時與孔雀頭的反方向畫螺旋。在兩個螺旋中間畫上水滴。

5 在花朵的右邊畫上兩片葉片。在葉片與孔雀之間畫上三條蔓藤（水滴狀延伸的蔓藤）。

6 在左邊葉片的右側畫上三條蔓藤；下方靠近孔雀處畫上水滴堆疊延伸點，花的正上方畫水滴排列成的花形。

7 將指節畫上螺旋堆疊，就完成一幅作品。

不必在意是否會畫畫，拿起筆揮灑吧！

相信我，絕對有意想不到的成果。

HENNA

HENNA

印度手鍊

彷彿美麗的印度手鍊展現於手中，

印度女人神祕而美麗，

戴著它跳舞也不擔心因旋轉而被甩出去……

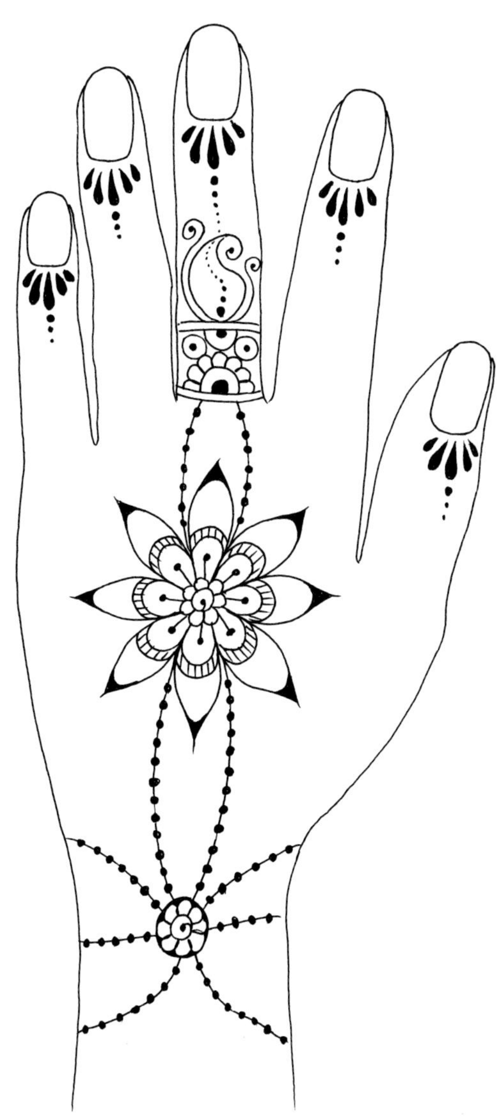

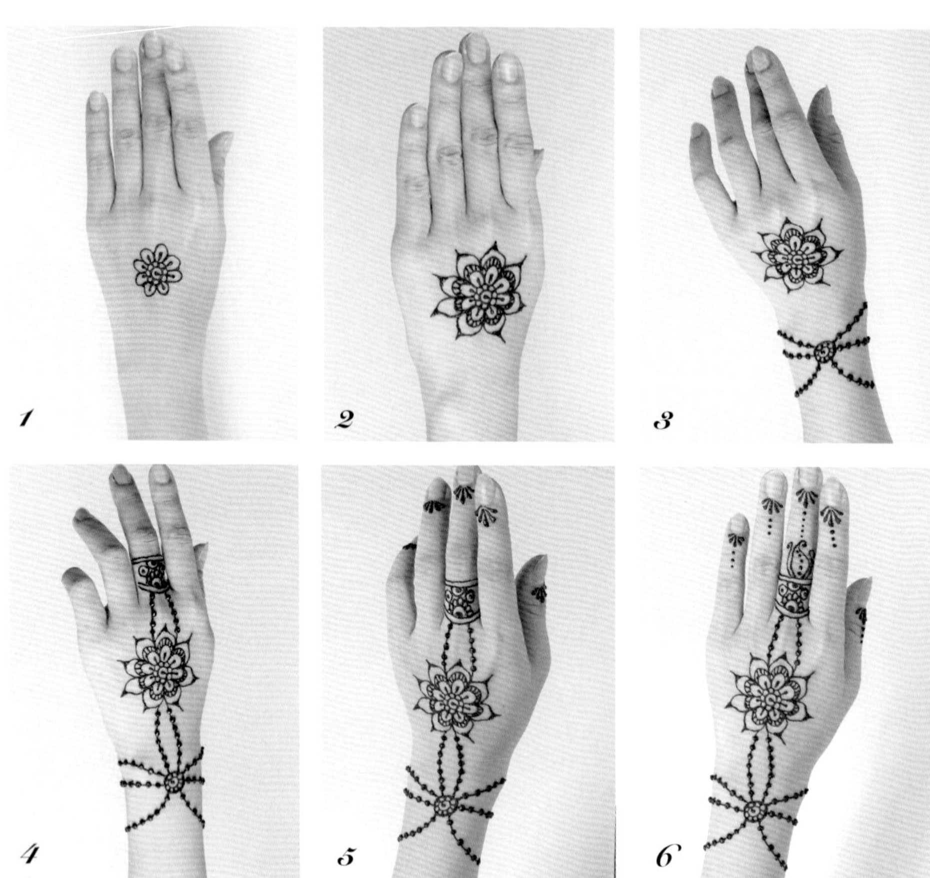

1 先選好要畫的位置，畫上花蕊。

2 花蕊外畫上花瓣。

3 在手腕處畫上花蕊，左右各往不同方向畫三條線，線上等距加點，形成手鍊狀。

4 在中指節畫上戒子，再畫手鍊將戒子與花朵及手腕串連。

5 在手指節上畫水滴。

6 將戒子與指節上的水滴畫孔雀相連成一氣。

筆尖上畫出圖騰的同時，

也畫出你人生的幸福，

讓幸福感覺洋溢在心！

HENNA

HENNA

優美・華麗孔雀

孔雀優美姿態伴著華麗，新嫁娘帶著眾人的祝福出嫁，
衷心期待得到夫家的疼愛、幸福。

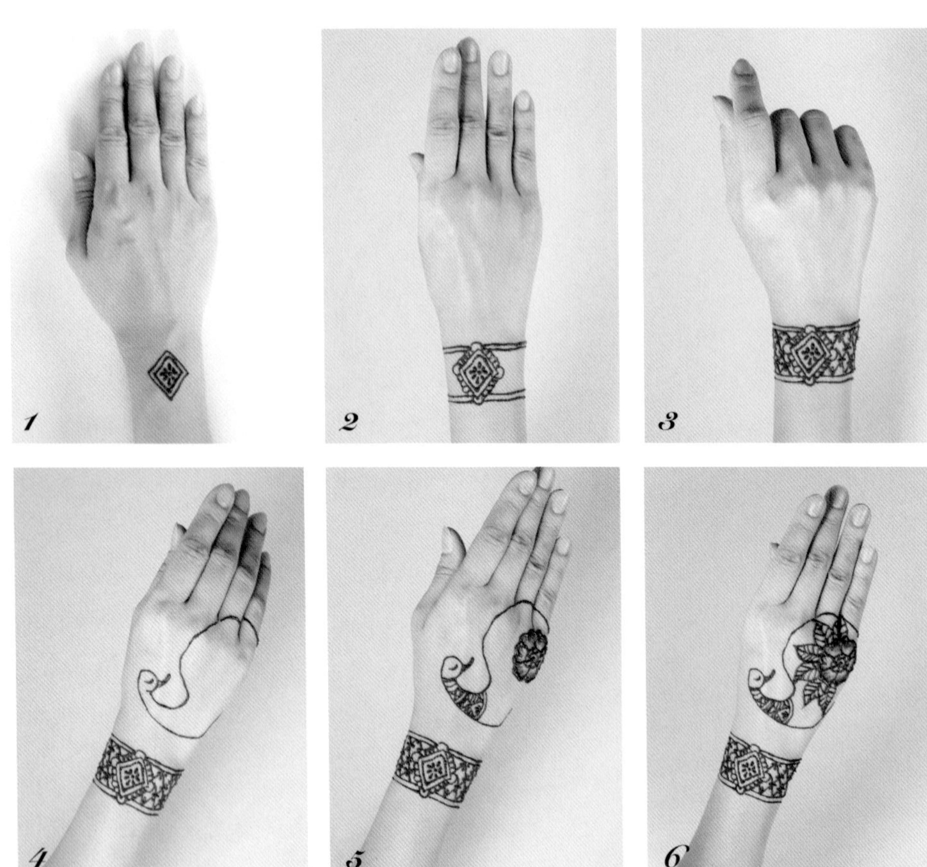

1 在手腕處畫上雙菱形，中間用水滴畫米字狀。

2 菱形外畫圈並圍成一圈，上、下各畫兩條平行線。

3 在菱形與平行線之間畫交叉格狀，格狀中間加上水滴畫成網狀，形成一個腕環。

4 畫上孔雀外形。

5 在孔雀身上畫上花朵，脖子畫上裝飾紋。

6 花瓣外加上葉片。

7 想表現孔雀的華麗感，四周空間用五個水滴成一個花狀點綴，其餘部分留白，手環菱形處下方加上小菱形及放射狀水滴收尾即成。

畫著美麗圖騰，也畫出你的好人緣，

下午茶將不再寂寞，

朋友都爭相約你，享受圖騰上身的快樂！

HENNA

HENNA

搖曳生姿的藤蔓

腰間美麗的花朵，音樂飄起時，

身子隨著音樂擺動著曼妙舞姿，浪漫的花朵搖曳生姿……

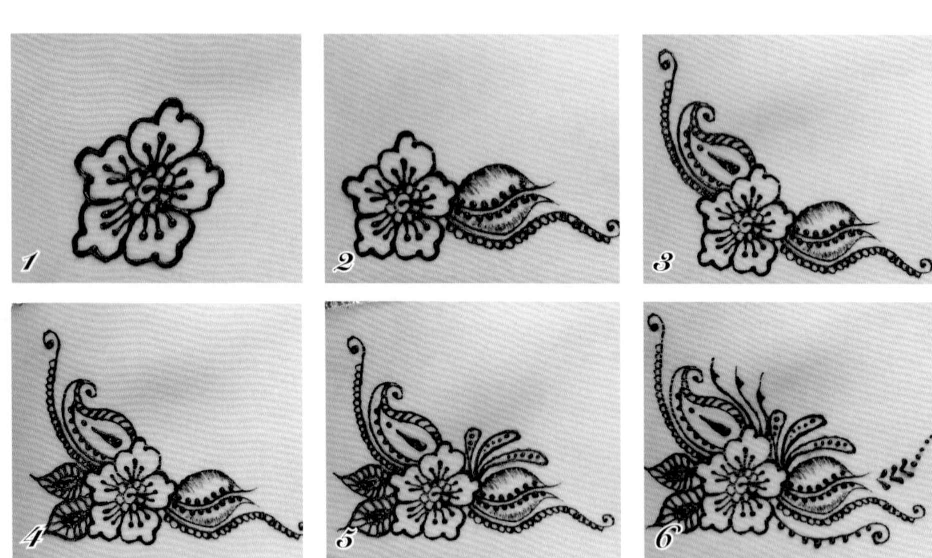

1 選好位置畫上花朵。

2 向右畫兩個大水滴型，順水滴下方向右畫一條蔓藤。

3 向左上方畫上孔雀，順孔雀外緣畫一條蔓藤向上。

4 花瓣的左邊畫上兩片葉片。

5 右上方畫上三個變形水滴延伸。

6 上方空間加入蔓藤芽，右邊兩個大水滴型外，畫上水滴堆疊加點延伸。

跳舞可讓心情開朗，跳出熱情；

畫畫讓可心寧平靜，享受一個人的安靜。

自在的畫，就如同瑜伽般的養心……

HENNA

HENNA

平穩・柔美的韻味

在腰背上展現出氣勢的圖騰，
隨著身體律動更顯妖豔、性感的獨有風味。

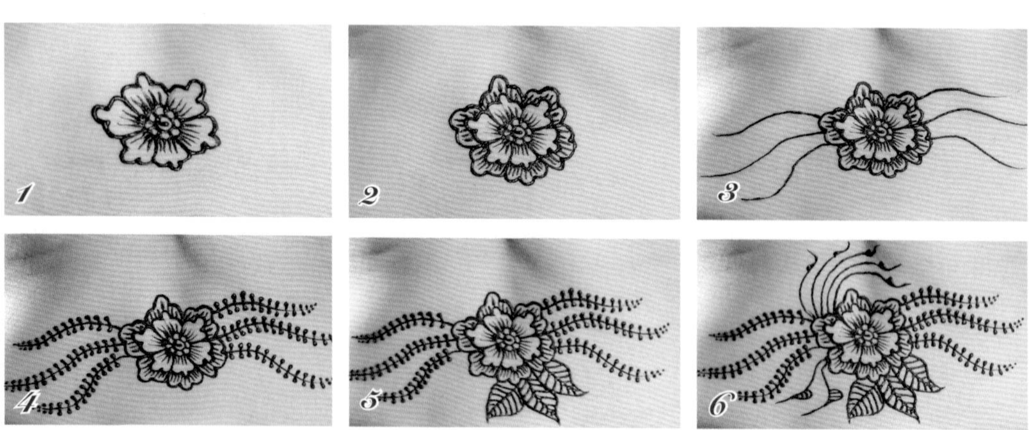

1 後腰中心畫上花朵。

2 花朵外圍再畫上一層花瓣。

3 左、右各畫上三條曲線。

4 曲線上畫上水滴狀形成葉脈圖。

5 右下方畫上三片葉片。

6 左下方畫上兩條葉芽，左上方從花瓣邊緣向右弧形畫上五條葉芽圖形。

喜歡畫畫的你，找到自己喜歡的圖騰了嗎？

因為喜歡HENNA，你也可以開啟另一個內在的自己。

HENNA

HENNA

花&孔雀

在炎熱的夏季裡，背上的圖騰是否使人眼睛為之一亮，
消暑不少；也襯托頸部的性感，
雖然自己看不到，卻有著讓人神氣的味道。

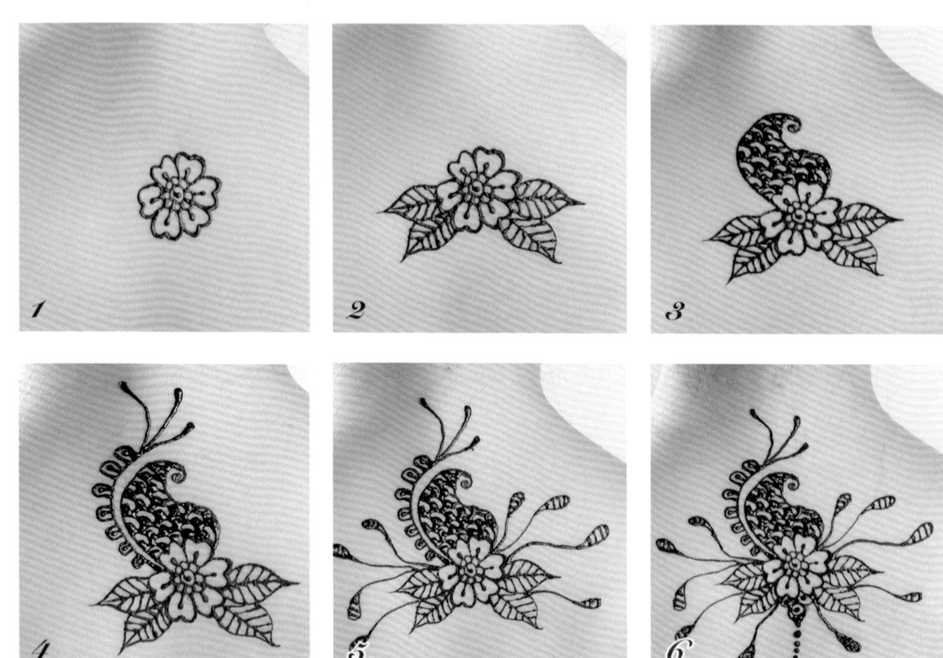

1 背中心畫上花朵。

2 左、右各畫上兩片葉片。

3 向上畫上孔雀。

4 沿孔雀外圍畫上平行曲線，向上展開成三個蔓藤，在曲線外圍加上小花瓣。

5 在左、右的間隙畫上蔓藤向左右延伸。

6 正下方畫上點以穩住整個圖騰，並且完成整個圖騰。

因為身上的圖騰，讓你走在路上，

引人注目、好奇，

開心的向人介紹圖騰典故、由來，

哇！開心的與你分享……

HENNA

HENNA

水滴孔雀

手臂上的圖騰像戴上了印度臂環，
隨著身體移動，手的擺動、提起，
展現不同個性，令人也想要擁有一個！

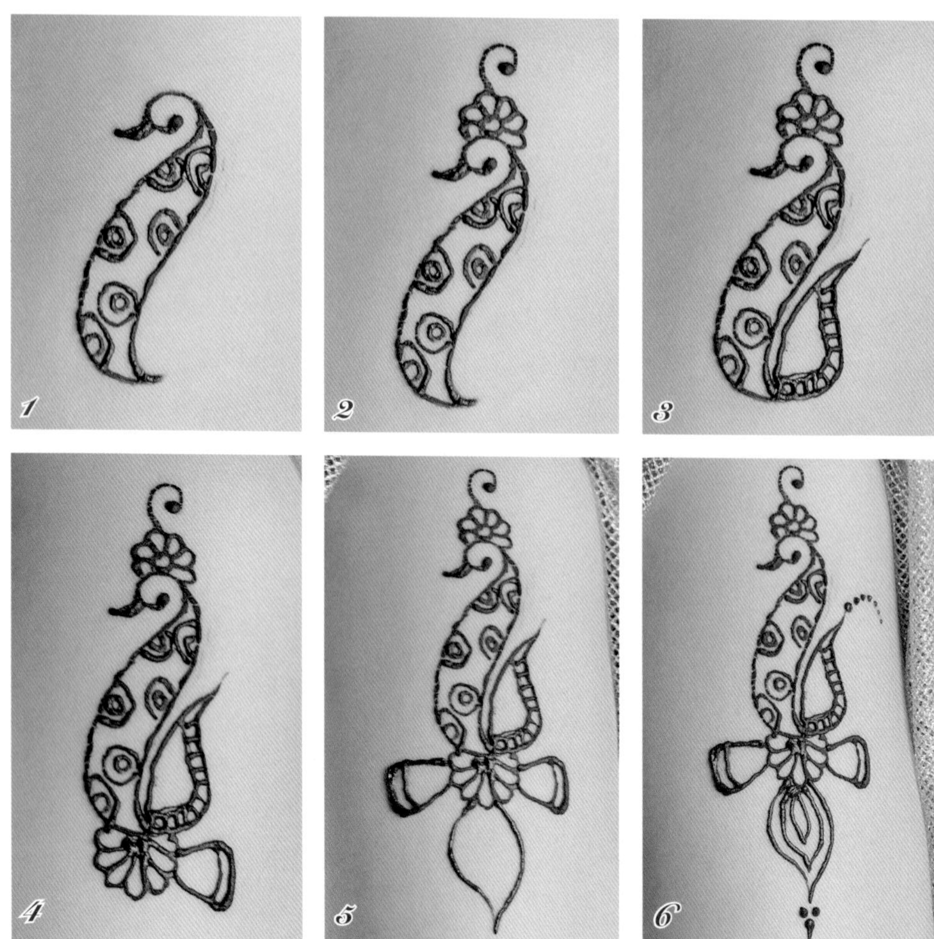

1 手臂上畫上孔雀。

2 孔雀頭上加上冠。

3 孔雀旁畫上水滴狀，像徵孔雀尾巴 。

4 下方畫上花朵，右邊畫上一花瓣。

5 左邊畫上一花瓣及下方一個大水滴狀。

6 下方大水滴內畫上兩個縮小的水滴，結束時以三點水滴為定點。

圖案如有魔力般，

圖騰在身的日子，整個人都神情氣爽，

好運也跟著來了呢！

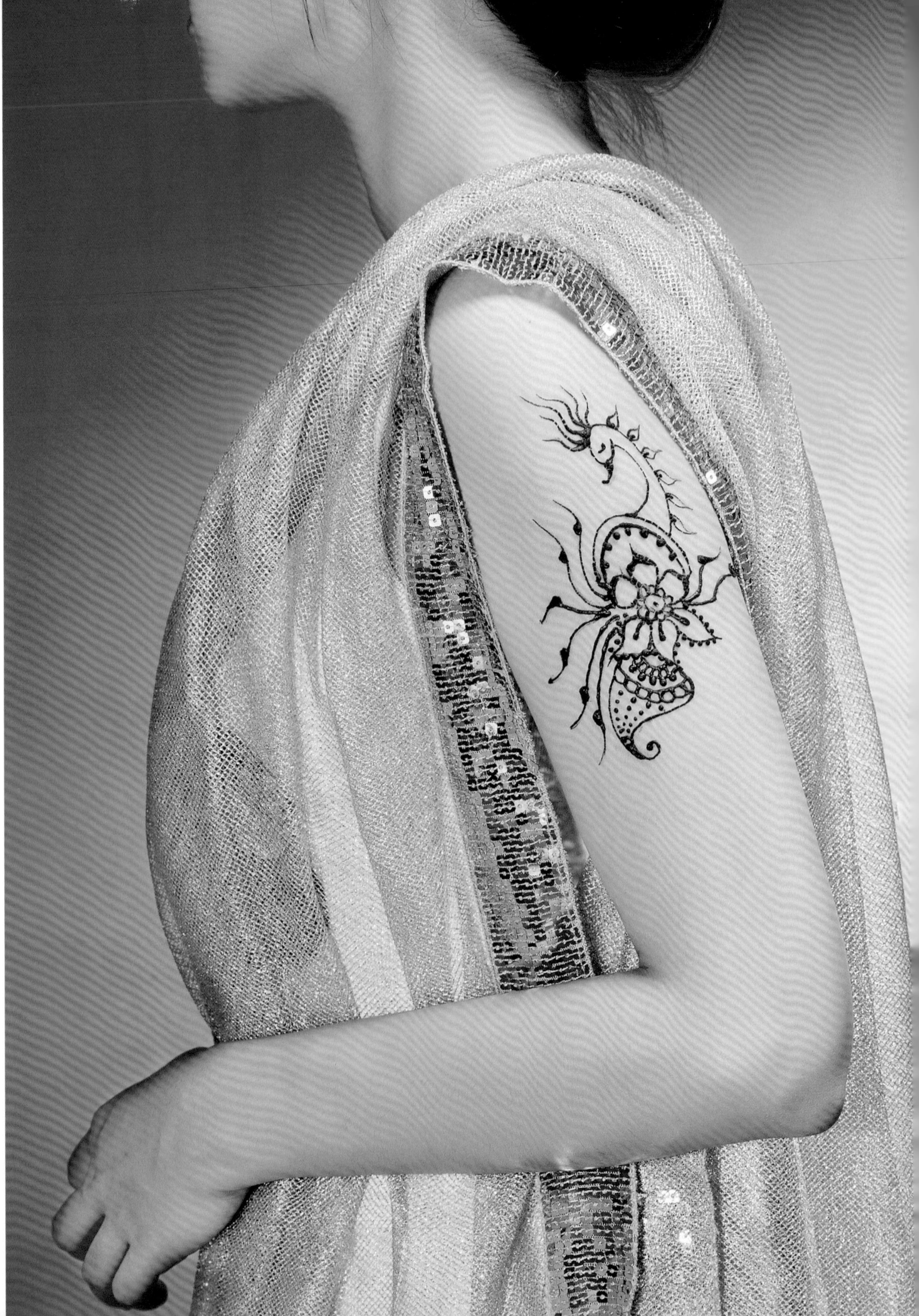

HENNA

柔媚之舞

另一種民族韻味的印度臂環，
圖騰雖略帶強烈個性，卻添加幾許柔媚感，
又隱約傳達剛柔並濟的姿態。

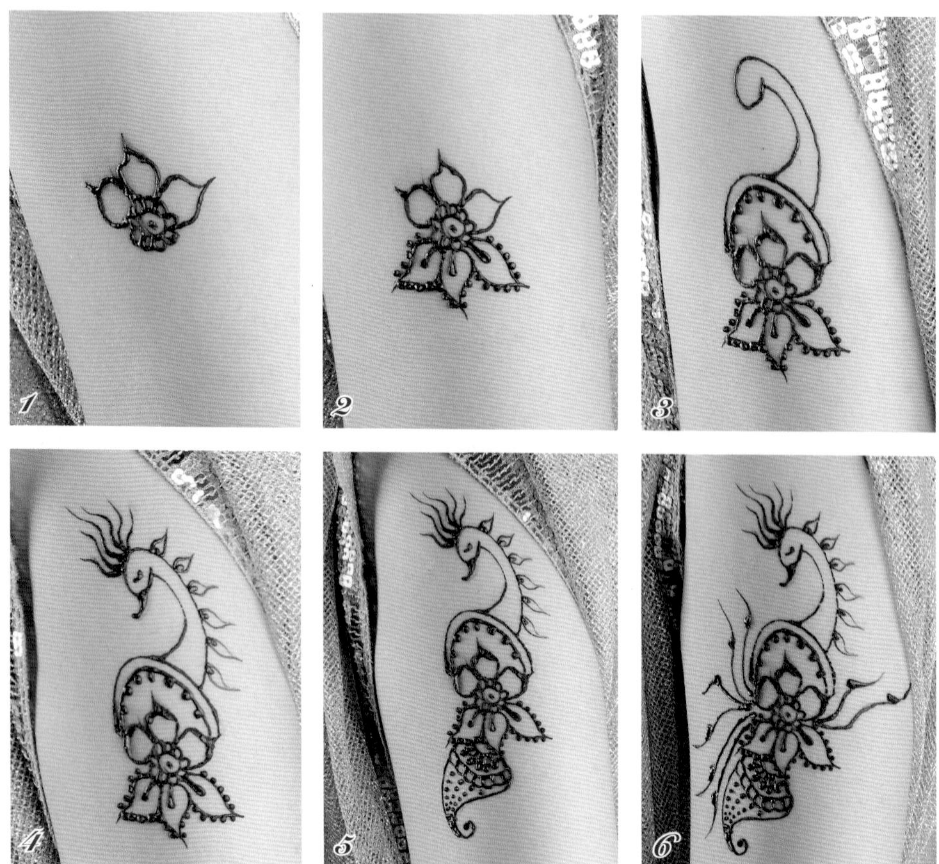

1 畫上花蕊及向上的三片花瓣。

2 畫上與上半部花瓣不同型的下半部花瓣。

3 在上花瓣間畫上平行半圓代表孔雀身體，由右往上畫出孔雀的頭與脖子。

4 畫上孔雀的冠及羽毛。

5 向左下畫出另一種型的孔雀。

6 在左、右的空隙間畫上藤蔓芽，以平衡整個圖騰。

誰說HENNA是繪畫之人的專利，

沒繪畫基礎的人也能畫出創意十足的圖騰，

相信我，只要你願意提筆嘗試，一定可以的！

HENNA

HENNA

漫步

小腿肚上的線性圖騰，隨著漫步走動看起來優美極了，
無論是穿著短褲帥氣呈現，亦或長裙擺下的若隱若現，
腳步輕盈的展現出不同的心情。

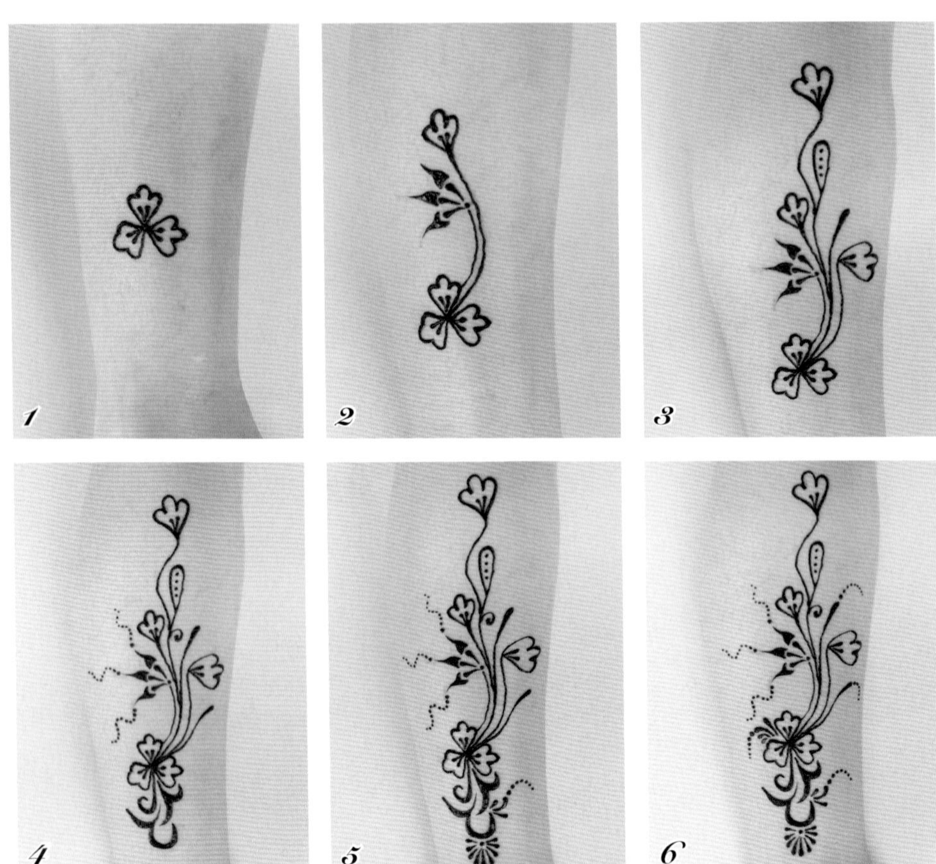

1 畫上花辦三片。

2 由花瓣間延伸蔓藤向上，畫上小花及花萼。

3 由蔓藤再向上畫不同角度的蔓藤及小花。

4 在花萼外加上點點蜿蜒出去，下方以部落的方式表現葉。

5 葉的外圍以水滴的放射狀穩住，水滴的右側加上水滴堆疊成點往外延伸。

6 右邊加上點點蜿蜒出去以平衡整個圖 。

腳上帶著圖騰趴趴走，

也帶著快樂心情走在人生路上，

相信自己的好心情會帶來好的磁場，

吸引好的人、事、物向自己靠近。

PART 2
基本認識
HENNA

關於紋身・歷史紀要

說起紋身彩繪（Tattoo），那麼就要先回推到一九九一年十月出現在世界各大報的一則頭條新聞。這則新聞報導提到在奧地利與義大利之間的山區發現了一具五千年前銅器時代的冰凍屍體，這具屍體不但保存得相當完整，更特別的是在他身上發現了多處的紋身，這項發現讓人們發覺紋身這項特別的人體藝術竟然在五千年之前就有了。

其實，在此發現之前，人們在許多地區就已曾發現了許多身上有紋身的木乃伊，其中在埃及發現的紋身法老王是最有名的，只是在年代上較前面那具冰凍屍體來得晚。除了古埃及之外，世界其他地方，例如：南美的印加文明也有許多的紋身木乃伊出土，因此以歷史而言，紋身這項藝術是相當久遠的。

古代紋身的女性

遠古時代的人們為何要紋身？這個問題比較複雜，因為每個地方的紋身所代表的意義都不盡相同，以埃及而言，不同的木乃伊身上所代表的象徵意義不同。以保存最好的阿姆內（Amunet）木乃伊而言，她是象徵愛之女神哈陶爾女神（Hathor）的祭司，在她身上可以很清楚的發現在手臂的部分有平行的條紋，在肚臍之下更有橢圓形的圖形。

這些圖形也在許多雕像上發現，埃及古物學家認為那是一種繁殖與恢復青春的象徵。較特別的是在埃及出土的木乃伊上發現有紋身的大都是女性的木乃伊，而那些有紋身的女性雕像被稱為「死者的新娘（brides of the dead）」，通常是與男性的木乃伊埋葬在一起，有象徵復活之意。

在利比亞所發現有紋身的木乃伊，則與崇拜太陽有關，此外紋身的木乃伊身上也發現有當時象徵戰神尼斯（Neith）及樂神貝斯（Bes）的紋身，其中樂神貝斯如果被放在床的上方時則象徵驅魔的意義。在希臘及羅馬，紋身所代表的意義就大大的不同了，紋身被認為是一種野蠻人的象徵，並且被用來作為奴隸與犯人的標記。紋身也有被用來對死去之人的紀念之意，紋身流傳到日本，則成為一項特有的人體彩繪藝術。

好萊塢新時尚——影歌星的新寵

時至今日印度彩繪HENNA也廣為歐美人士的喜愛，可用一句話來形容：「印度人的舊愛，好萊塢的新寵」，成為流行新時尚。一九九九年瑪丹娜Madonna作為EBEL名錶廣告代言人，舞台上瑪丹娜在手上繪滿印度傳統的HENNA彩繪，更使歐美年青人，對印度彩繪趨之若鶩。知名影星黛咪摩爾（Demi Moore）、密拉索維諾（Mira Sorvino）、「No Doubt」合唱團主唱關史蒂芬妮（Gwen Stefani），紛紛在公眾場合展示身上的HENNA紋身之後，頓時之間，這項印度的傳統成為流行的時尚。

彩繪的部位除了手與腳，也擴到肩膀、肚臍、背部等部位。同時，為了方便，許多套件式的彩繪組件也紛紛出現。這項傳統的藝術與美，便迅速流行開了。

紋身彩繪在印度

曼海蒂（Mehndi）彩繪紋身是一種以印度指甲花為顏料的人體彩繪藝術，它源於美索不達米亞，已有千多年的歷史，至十二世紀成為印度文化，盛行於印度、巴基斯坦及中東，尤其在婚嫁時，會在新娘的手掌及腳上繪上悅目的圖案作為裝飾。

紋身彩繪在印度稱為曼海蒂（Mehndi），流傳到西方後被稱為指甲花紋身彩繪（HENNA Tattoo），因為所謂的曼海蒂（Mehndi），是指將指甲花的樹葉製成原料後，用以裝飾手與腳的一項象徵好運的傳統藝術。此外，又有紋身之稱，因為它具有一種暫時性的紋身效果，同樣也能讓圖案留在身上一段時間，但又與傳統針刺的永久性紋身不同。

印度彩繪與傳統刺青Tattoo的永久性紋身不同

彩繪過程不會有刺青的疼痛，不會永遠留存，可以更換圖樣，不會有刺青感染肝病的危險，這些都是造成其流行的因素。指甲花是一種棕色的純植物油性顏料，因為不含化學物質，又不會引起痛楚或導致皮膚敏感，所以成人或小童皆可在身上彩繪。印度彩繪以肌膚當成畫布在手與腳畫畫，是象徵好運的印度傳統裝飾藝術，約可維持七至十四天，直至因新陳代謝將留在皮膚表層的顏料因皮膚的角質脫落而淡去。

婚禮上的指甲花彩繪——新娘定力的考驗與婚後幸福的指標

印度彩繪是承繼印度最古老的人體刺青藝術，這項傳統藝術是印度貴族嫁娶時用來祝福之用，因此印度指甲花彩繪是新娘結婚前十六項裝飾中最重要的活動。傳統印度文化的準新娘會在出嫁的前一天做彩繪，所以這一天又稱做「曼蒂之夜」（Mehndi Function）。

結婚前一天，新娘的朋友與親戚都齊聚前來幫忙，新娘的手掌與腳皆以指甲花彩繪，整個過程是一項藝術，因此有時還必須請一位專家來協助，整個彩繪除了顏色是愈黑愈好之外，也要讓它能在手及腳上持續較長的時間，因為彩繪的顏色愈黑，愈能討新娘的婆婆的心；娶進門後，只要彩繪還在，就不用作任何家事，所以彩繪大師的黏著圖案的功力，變成重要的賣點。此外，因此彩繪的重要性影響新娘的幸福，要讓新娘未來有一個好的婚姻生活，彩繪是馬虎不得的。功力高的彩繪大師會在圖案中置入雙方的名字，作弄新郎增進新娘與新郎之間的互動趣味，打破雙方因陌生感產生的的僵局。

在彩繪的過程當中，最需要的是「定力」與「耐力」。如同一個修行者一樣需要有「定力」與「耐力」來面對一切的考驗與難關。以印度新娘的彩繪而言，塗在手與腳上的指甲花顏料必須等到它乾燥且變硬才能將圖案印在皮膚上，這段時間通常需花三到四個小時，此時新娘必須靜靜的坐著，這就是一個「定力」與「耐力」的考驗。由於指甲花的冷卻效應，此同時也能降緩新娘的緊張。以新娘的彩繪愈黑會愈受到婆婆的疼愛來說，那麼從新娘必須坐在那裡三、四個小時顏色才會變黑而言，這樣一個有「定力」與「耐力」的媳婦自然會受到婆婆的疼愛。

整個彩繪過程，如同一位印度人所說：對於一個在進行彩繪的人而言，是一種冥想（Meditation），也可以說其過程不僅對新娘而言是一個「定力」與「耐力」的考驗，執行彩繪的人也是在做一項如同修行者的專注訓練，故稱之為冥想了。

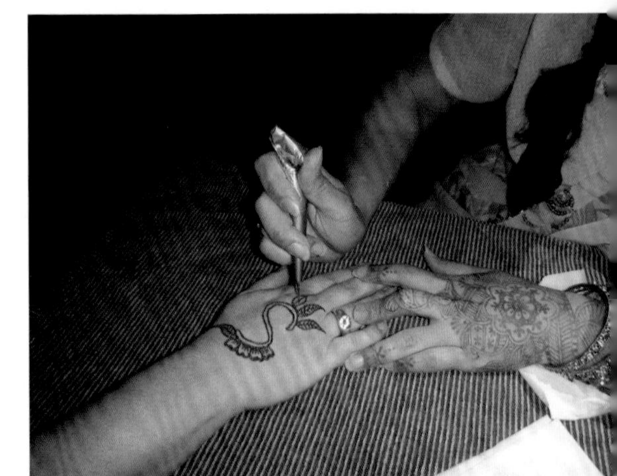

認識指甲花

◎栽培

指甲花原產於非洲、南亞及澳大拉西亞的熱帶與亞熱帶地區。主要生長在氣候炎熱及乾燥的地方，例如：印度西部、巴基斯坦、摩洛哥、葉門、伊朗、蘇丹及利比亞是指甲花商業栽培的重要產地。拉賈斯坦邦的巴利區是印度指甲花的重要生產地區，光是在Sojat市就有超過一百家以上的指甲花處理工廠。

印度紋身彩繪所用的指甲花是一種小灌木，高約三至五英呎，花的顏色是淡粉紅色，它的花可以作為香水，樹最上層的葉片被用來作為手與腳彩繪的顏料，其餘的部分則用來作為染頭髮的顏料。

◎用途

最早使用指甲花作為裝飾顏料之一的是埃及。

使用指甲花作為裝飾顏料所呈現出來的藝術，隨著國家、文化與宗教傳統的不同而有不同的展現，一般而言，西亞阿拉伯國家的彩繪紋身是一種大的花紋圖樣，印度的彩繪紋身則是細的花邊、花紋或渦旋狀圖案，非洲地區的圖案是大且粗的幾何圖形。西亞阿拉伯地區只在手及腳做局部的彩繪，印度則涵蓋整個手及腳。非洲地區的彩繪顏色是黑色的居多，而亞洲及中東地區的彩繪顏色是略帶紅色的棕色、棕色、黑色不等。

指甲花顏料有很多種用途，最普遍的用法就是用來作為頭髮、皮膚與指甲的染色劑，也可以作為布匹與皮革的染料及防腐劑。指甲花也有抗真菌的作用，可以作為藥草使用。

印度在公元四百年左右的法院案卷、羅馬帝國時期的羅馬、西班牙的Convivienca時期，都有使用指甲花做為染髮劑的記錄。埃及在公元前十六世紀時的醫學文獻埃伯斯紙草文稿（Ebers Papyrus）、公元十四世紀時伊本．卡因姆．嘉伍茲亞（Ibn Qayyim al-Jawziyya）所寫的醫書，都已有使用指甲花做為藥草的記載。在摩洛哥，指甲花被做為觀賞植物及染料使用，做為羊毛、鼓皮及各種皮件的染色劑。指甲花也有驅除害蟲及抗黴菌的作用。

◎指甲花的妙用

除了作為化妝的顏料之外，指甲花還具有幾項神奇的妙用：在炎熱的天氣裡，如果將指甲花放在手掌及腳心的部位，則指甲花具有冷卻的功效，這尤其被使用在懷孕的婦女身上。在醫療方面，指甲花被認為具有治療血崩、頭痛、溼疹、結腸癌、肌肉收縮、菌類感染等作用，是極具實用價值的植物。

至於甚麼時候開始使用指甲花作為化妝品的呢？事實上沒有很確切的答案。因為幾世紀來種族的遷徙與文化的交流，讓人們對這項傳統的起源不容易確定。但相信有至少五千年的歷史。有些歷史資料證明它來自印度，但也有些資料宣稱是在中東及北非使用一段時間之後，才由蒙古人在十二世紀時將這項傳統帶到印度。

◎過敏反應

天然的指甲花通常不會引起使用者的過敏反應，只有極少數的人會對指甲花產生過敏的現象，這些過敏反應通常在使用後數小時就會出現，過敏時的症狀包括有皮膚搔癢、呼吸短促、胸部有壓迫感等症狀。某些人產生過敏的反應，並不是由指甲花所引起的，有可能是對和指甲花一起使用的混合溶液，（如精油或是檸檬汁）產生過敏而引發的。

蠶豆症是一種遺傳性的疾病，有蠶豆症的人不可以使用指甲花，因為指甲花會使蠶豆症患者產生溶血反應。有蠶豆症的兒童若大量的使用指甲花塗抹在頭皮、手掌或腳底等，會引起嚴重的溶血危象，並可能危及生命，請務必注意。

《以上資料參考自網路》

Steve Gilbert "Tattoo History Source Book" Medical Sciences University of Toronto Jocelyne Smallian-Khan Mehndibeauty

http://www.geocities.com/Eureka/Park/7445/Vivah Sambandhi

http://www.vivahsambandhi.com/IndianWed.htm Bryant URBAN PRIMITIVE

http://www.urbanprimitive.com/bodyart/main.html Matthew Wall LifeArt

http://www.navel.com/gallery/mehndi-images/mehndi11.html Laura McCutchan, Lise and Marsha Knight

http://www.parsons.edu/-lauram/morbidities/newhtm/mehandi.html Afrozaa

http://members.aol.com/afrozaa/HENNA/patterns.htm

HENNA彩繪・顏料製作DIY

顏料製作DIY

材料

1. 指甲花粉末（50CC約可調製兩支顏料筆，市面有賣粉末包裝。HENNA粉的新鮮度會影響調出後顏色。）
2. 檸檬汁
3. 熱紅茶水或咖啡液
4. 精油（50CC的HENNA粉只需加5至10滴）
5. 砂糖（或蜂蜜）

檸檬汁是主要的調和劑

大部分的配方是放檸檬汁，調和HENNA粉之後先靜置4至12小時再加入其他配方。（加檸檬汁是為了讓顏料在皮膚上顏色更深，加茶汁、咖啡液是為了讓顏料在皮膚上顏色更深。也因為加了檸檬汁所以保存期限很短，容易發霉、壞掉。）

精油

一般建議使用茶樹、薰衣草精油，也可以使用桉樹、丁香、天竺葵、乳香、荳蔻、白千層等精油。

部分精油可能對皮膚造成刺激感，如白千層，調出來的顏色會比較深一些，所以請小心選擇。

請使用純精油，如果是複方油或添加了香精或其他成分，或精油劑量太多，皆可能會導致顏料不易附著在皮膚上。

砂糖

也可使用糖蜜或蜂蜜，有助於顏料附著於皮膚上。若氣候較潮濕，則可加少一點，氣候較乾的時，可多加一點。

製作盛裝顏料容器

1 以撕不破的包裝紙裁成15×25cm。作成一個圓錐形的容器（前端尖，後端圓）。

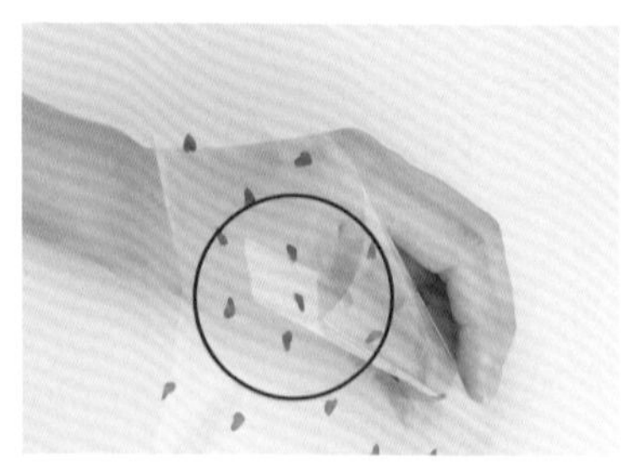

2 因撕不破的包裝紙容易滑開，先於第一個捲口處黏上膠帶。

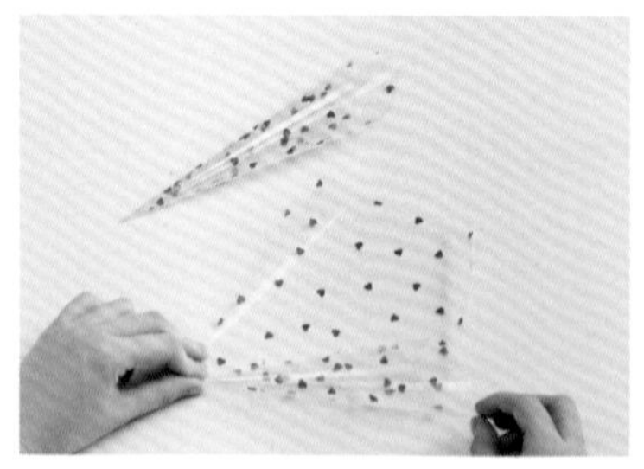

3 將包裝紙捲至結束時，為避免筒狀散開，以膠帶黏合，完成！

顏料筆製作

1 先將30cc熱茶水倒入已盛裝指甲花粉50cc碗中。

2 加入檸檬汁約20cc後，再大略翻拌均勻。

3 太乾時，再慢慢加入熱茶水少許，將其攪拌成膏狀為止，先靜置4至12小時。

4 加入精油。（也可加入植物油）

5 加入一小匙砂糖(或少許蜂蜜)。

如果太稠，再酌量添加一些檸檬汁；如果太稀，可酌量添加一些HENNA粉。

6 調成膏狀，不太稠也不太稀。拿起湯匙時，顏料不會滴下。

將顏料裝入容器

1 先以手伸入塑膠袋中，再將塑膠袋套於杯中。將調好的材料倒入塑膠袋內。

TIPS

裝顏料的容器也可使用針筒、塑膠小瓶，但仍建議以撕不破包裝紙製作，於繪圖過程中較容易操作擠壓顏料。

2 將塑膠袋內的指甲花顏料擠往一邊，將塑膠袋袋口紮好後，將塑膠袋尖角剪一個口。

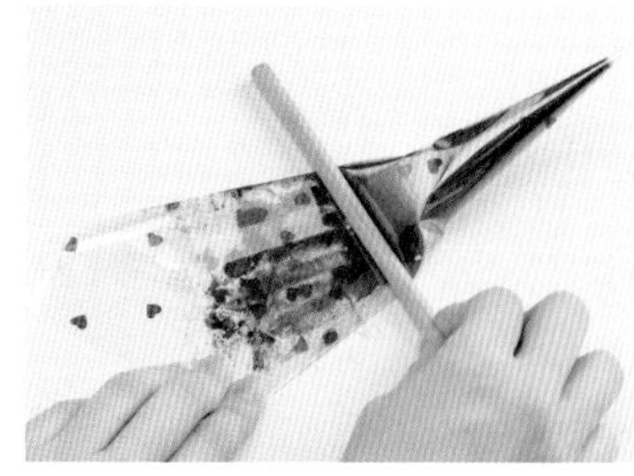

3 將塑膠袋內的顏料擠入之前作好的容器袋內，並以木棒將材料擠壓至一端，容器內的顏料裝半滿即可。

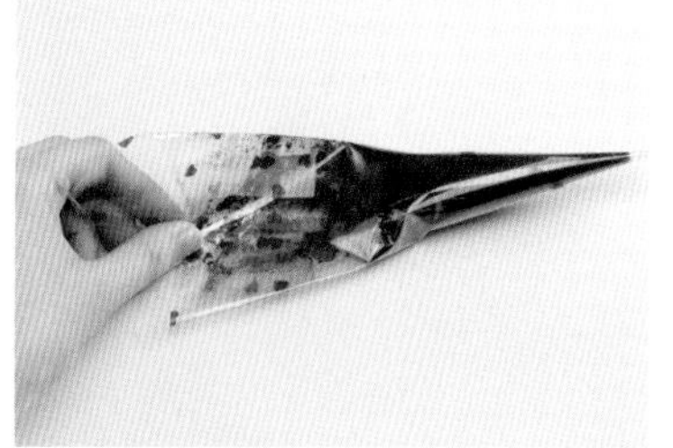

4 將包裝紙對摺。

TIPS

調製完成的顏料包裝完成後，須靜置24小時再畫，著色效果更佳。（天氣較熱的國家，如印度、北非等，調好的顏料通常靜置1小時左右就可以使用了）。

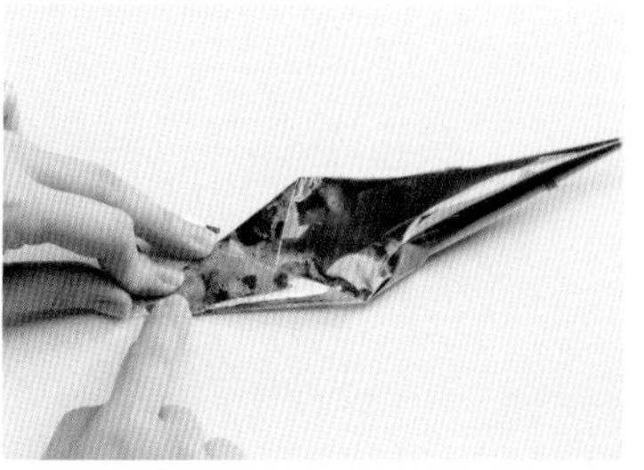

5 將左側包裝紙摺入後，再將右側摺入。

6 由包裝紙頂端向下摺。

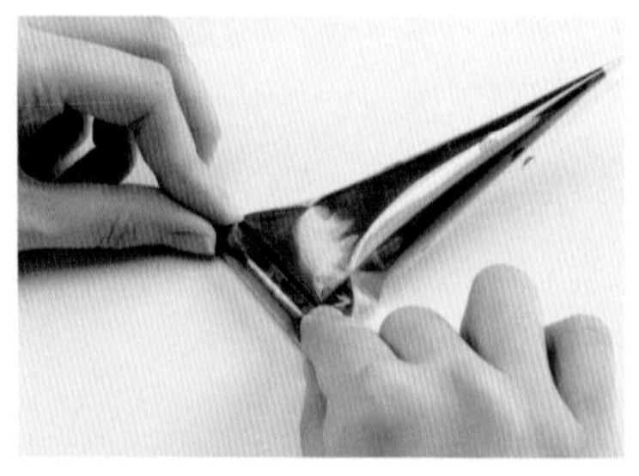

7 並往下慢慢捲摺包裝紙。

因為加入檸檬汁會引起發霉，如果沒加入檸檬汁可以保鮮一個月，還是少量調製，等用完再調製。

8 於封口黏上膠帶。如此密封的顏料筆可保存三天。

指甲花使用及保存

❶ 將顏料容器尖角處剪一個小口（開口要剪小一點，不要一下就剪得太大）。

❷ 將顏料輕擠，看粗細是否合宜（試著壓擠顏料，若壓不出再剪大一點）。

❸ 已剪口的顏料筆，以大頭針將開口處封住，減緩顏料乾掉，建議已剪口的顏料應儘速使用完畢。

《以上調配方式由Mehndi Aisha提供．討論＆整理》

彩繪的前置準備及畫後保養

◎前置準備

工　具：顏料 HENNA Cone、衛生紙、濕紙巾、小木棒、棉花棒、珠針

小木棒：可選擇指甲彩繪使用的木棒

※衛生紙、濕紙巾是隨時保持 HENNA Cone 畫筆頭清潔及擦拭畫壞的部分。

◎畫後保養

進行彩繪之前，要彩繪的部位要先清洗乾淨，並去角質，讓著色後顏色留存在皮膚上更持久。可用檸檬汁擦拭要畫圖騰的部位，讓毛細孔擴張以吸收彩繪顏料。

皮膚彩繪後，短時間內（至少三十分鐘）最好不要水洗，可以維持一個晚上更好（顏料停留的時間愈長，最後的顏色愈深）。可於顏料超過半乾時，以棉花棒沾水或檸檬糖水輕輕的沾染於圖騰上，小心不要把顏料弄糊，使其延長乾燥的時間。

當完成整個彩繪過程之後，深褐色顏料乾涸後會裂開剝落，剝落後留在皮膚上的顏色是淡橘色，第一次清洗時請以清水洗，不要擦乳液，等二十四小時後，圖騰的部分會變成深褐色，此時擦上乳液會更顯圖色。完成後的紋身彩繪一般可維持七至十天。

HENNA 在皮膚的顯色狀況會因為配方、新鮮度、天氣、個人本身、皮膚狀況而產生不同的效果。皮膚較黑的人會比皮膚白的人顯色更深，皮膚較細緻平滑的人會比皮膚粗糙的人色澤更持久，身體循環較佳的人顏色會比較深，角質層比較厚的地方（如手掌心和腳掌心）顏色也會比較深。

有人在畫之前適度塗抹mehndi油，也有人在畫好（顏料剝落）後作為保養使用。依個人經驗，畫之前塗抹之效果並不明顯，但是顏料剝落後再塗抹會使顯色更漂亮。推測是因為精油使皮膚乾燥，因此染色在角質層上的HENNA 顯色更好。

顏料 HENNA Cone 天然與化學的分辨

天然　HENNA Cone	化學　HENNA Cone emergency henna - 快乾型henna
黏稠狀（顏料有些細微顆粒感）	膠狀（像牙膏般，顏料較細）
深咖啡色	顏色較深，接近黑色
氣味自然，有一種特殊的草味	氣味較重，有種化學味
約10至15分鐘後開始慢慢風乾	約2至3分鐘後開始風乾
乾裂後顏料會呈現塊狀剝落	乾裂後會呈現可撕薄膜狀
畫上去後至少5分鐘以上才會有上色效果	畫上去1分鐘內馬上上色
維持7至10天	維持7至10天
皮膚會有涼快的感覺	皮膚敏感者容易產生刺熱或灼熱感，也比較有緊繃的感覺。

※純天然的指甲花粉顏色是橘色至深咖啡色（沒有黑色），有些黑色顏料標榜是天然的，表示裡面指甲花成分少，而是加入其他黑色染植物。

※以上天然與化學的分辨由Mehndi Aisha提供。

HENNA在皮膚上的顏色變化

繪上指甲花顏料後，顏料未乾燥前略帶有些微特殊的植物香氣，顏料約三十至四十分鐘後才會乾。其顏色會由材料的咖啡色剝落後，由淡橘色逐漸變為橘紅色，最後為褐色或紅褐色。顏色會因每種品牌、每支的不同而略有差異，也會依個人皮膚狀況不同，而有差異，皮膚較黑的人會比皮膚白的人顯色更深，皮膚較細緻平滑的人會比皮膚粗糙的人色澤更持久，身體循環較佳的人顏色會比較深，角質層比較厚的地方（如手掌心和腳掌心）顏色也會比較深。

圖騰保留期約七至十四天，一般七天後顏色會隨著角質層剝落而慢慢褪去。

1 剛繪畫完成，為顏料的深咖啡色，由圖中能看出顏料的立體感。

2 完成後三小時呈現淡橘色，部分顏料乾燥後已開始剝落。

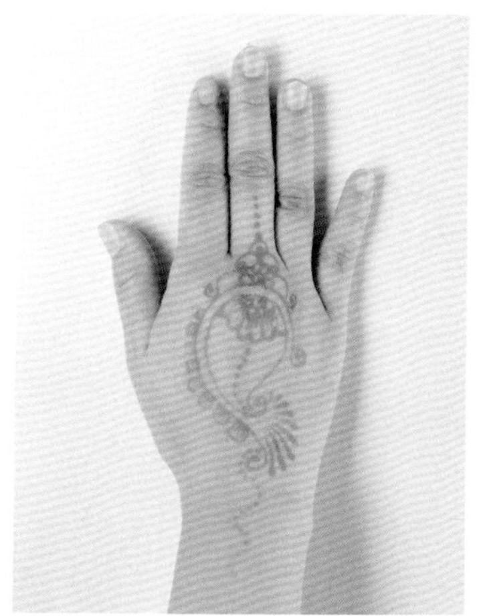

3 完成後八小時顏色完全由淡橘轉向橘或橘紅。

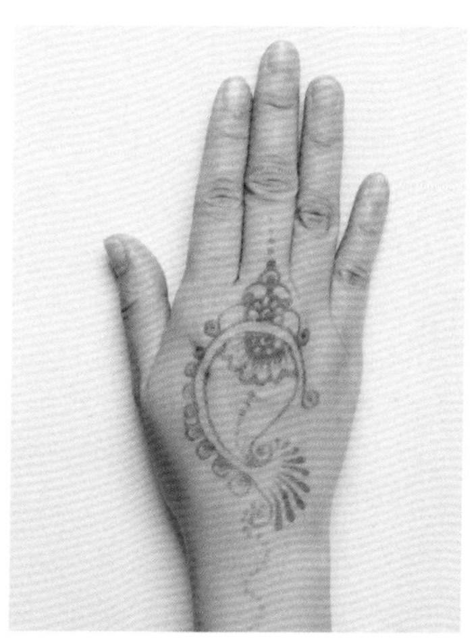

4 完成後二十四小時，顏色已轉為褐色，顏色變化完成。

PART 3

基礎學習

HENNA

圖騰介紹

印度傳統圖騰極具多樣變化

印度彩繪是承繼印度最古老的人體刺青藝術，因此印度指甲花彩繪是新娘結婚前十六項裝飾中最重要的活動。尤其在婚嫁時，都會在新娘的手掌及腳上繪上悅目的圖案作為裝飾，也會將新郎、新娘的名字畫入圖騰中，為了讓媒妁之言結婚的新人，在新婚之夜因兩人玩著找名字的遊戲而化解陌生、焦慮、不安。

因為印度圖騰是要畫滿雙手、雙腳，圖案覆蓋面積之大，為了讓圖案不斷延展、擴大，就必須加入蔓藤，才能使圖形不斷的延伸、擴大，所以延伸的蔓藤就是印度圖騰的特色。

一般印度傳統圖騰基本為花朵、葉片、蔓藤所組成，也有由水滴、葉片變形成的類似孔雀圖。

北非圖騰

北非圖騰基本上是由，點與線的平行延伸及四方延伸發展而成。加上一些簡單圖形，以不同方式重新組合，就會產生一個新圖騰，再以不同區塊的填色方式，同樣產生不同風貌的圖騰。

北非圖騰大多是幾何造型圖，由許多方形、菱形、三角形、點、線組合而成。有許多圖形都是由不同角度的方形或菱形堆疊而成的。有許多圖形都是由「井」字開始延伸變化。也有些圖形是由「星星」發展延伸變化，又稱為「鑽石」圖案。

組合方式：大多為中間為一個主圖或主軸，畫上兩旁對應小圖。

部落圖騰

一看到部落圖騰就會覺得好眼熟，沒錯！看起來與坊間所謂「刺青」很雷同，圖騰所表現的方式也很像。部落圖騰的線條比較簡潔有力，與其他類型圖騰的繁複感不同。

有人特別喜歡此類圖騰，因怕痛而不敢嘗試「刺青」的朋友可以用HENNA來表現此圖騰，可以滿足想要有個特別圖騰在身上的樂趣。

如果你對於HENNA在身上所留下的顏色不甚滿意，有一法寶可滿足你的欲望，那就是用眼線筆來作畫。選定你想要的圖案，眼線筆可選擇黑色或深藍色。怎樣？有酷吧！

部落圖騰還有動物類，例如蜥蜴、老鷹、蝴蝶、龍、狼等等。不難看出北非圖騰、部落圖騰與傳統印度圖騰有多麼的不同。

HENNA基礎圖案

HENNA基本拉線

直線條

練習基本拉線時需平心靜氣，氣穩住了手中所繪製出來的每一個線條自然流暢優美。

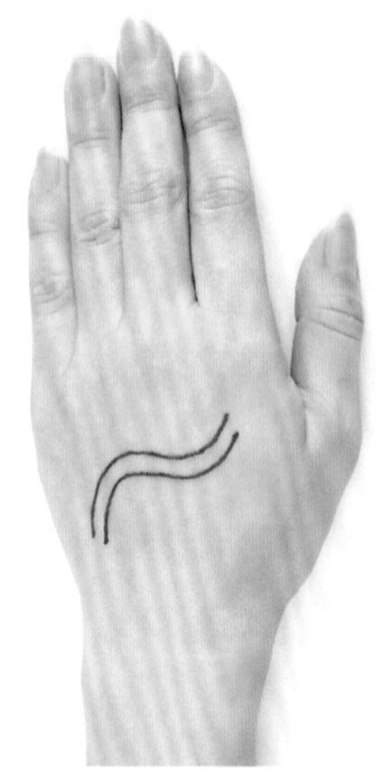

曲線條

練習畫兩條平行線是HENNA圖騰常用到的方式，無論是畫在孔雀圖形的外圍，或是彩帶狀圖形邊緣，應用範圍廣泛。重點是平行距離的控制及粗細一致。平行的應用另一要素是，複雜的花朵加上一條平行線，能使圖案更醒目，避免花與葉黏貼太近。平行線的外圍加上點、連接的圈，或螺旋狀的外圍，都是圖形變化的方式。

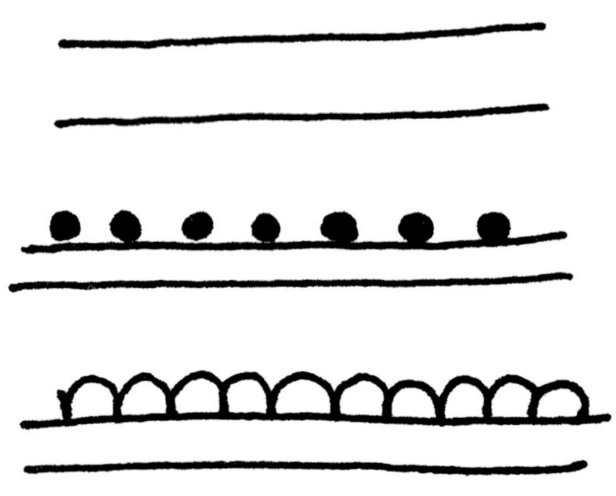

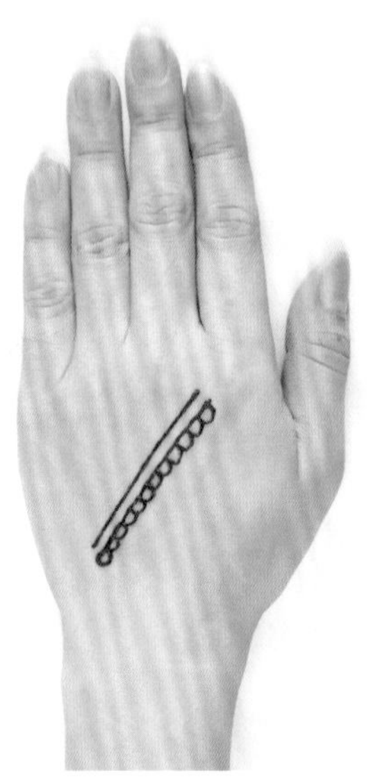

點・水滴

點狀應用範圍非常多，無論是直線邊緣、蔓藤邊緣、葉片邊緣、花朵邊緣，由大點開始愈來愈小點，順著圖的曲線宛延、延伸就別有一番風味。

點狀拉長成水滴狀，無論由外而內的水滴或由內而外的水滴都有不同風味。水滴可以變成一朵花，也可以在花朵的外圍加上水滴式點綴，在兩個蔓藤頂端的中間加上水滴，便自成一個主圖。

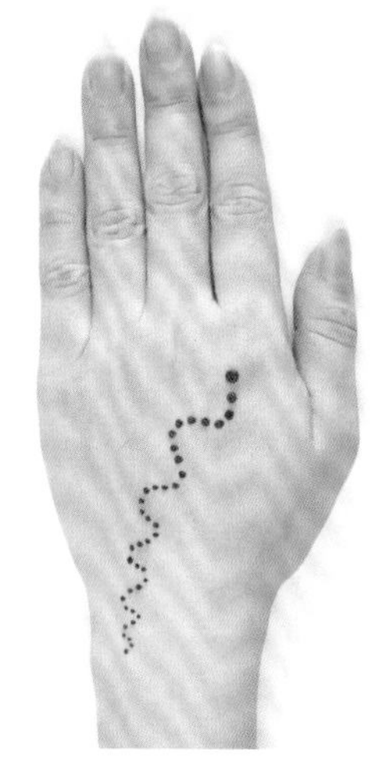

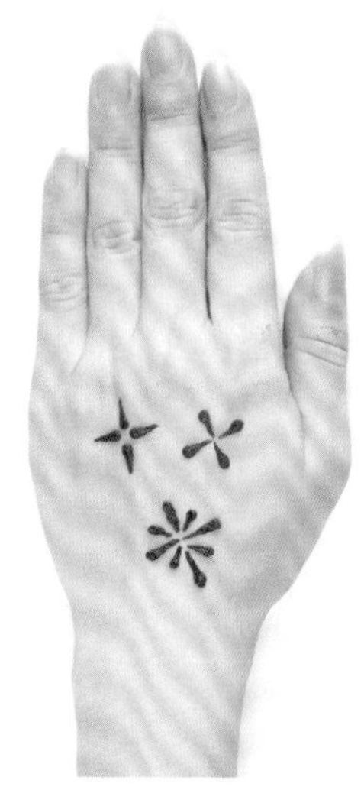

HENNA拉線的變化

水滴延伸・曲線延伸

左圖為延伸水滴的畫法，將水滴角度散開，畫向同一處結束，自成一束。

右圖則為畫連續平行線條，結束時一條比一條提前收筆，加上點形成嫩葉。

延伸圖因變化也自成一格，形成一個簡單的基本圖騰。

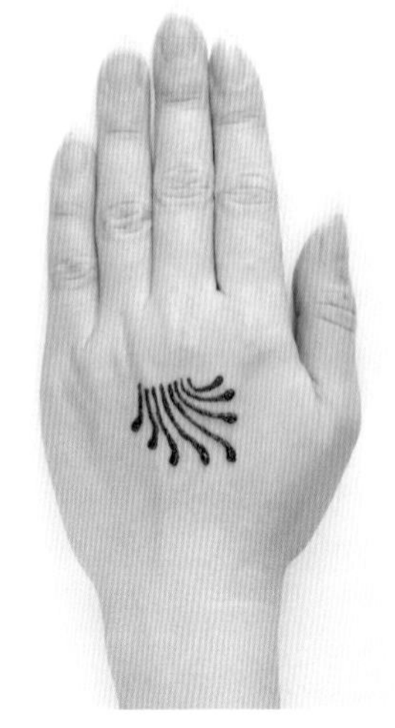

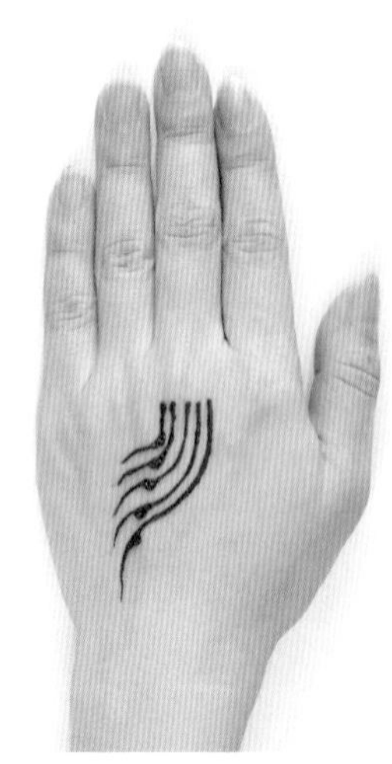

點・線延伸

點及線產生的變化，無論先畫點再拉長成線，亦或先畫線結尾收筆時停頓成點皆可。

先畫兩條平行線或平行曲線，依曲線延伸線條加點，就成了一個簡單的基本圖騰。

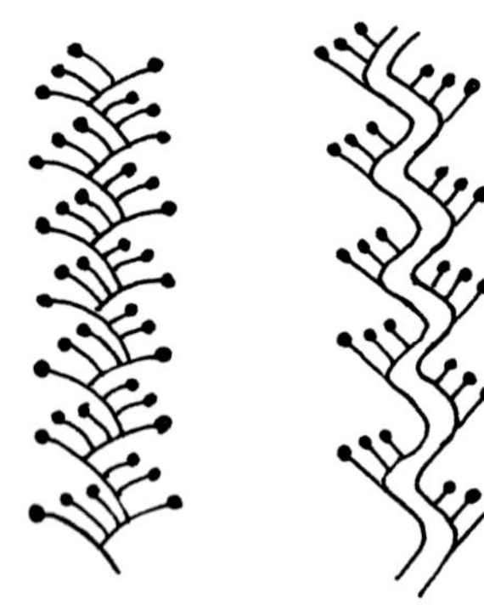

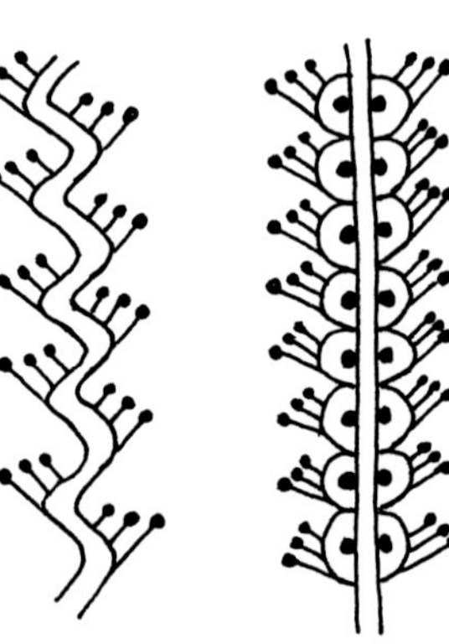

螺旋

螺旋狀應用在花蕊中心處，以及畫面填滿空間最常用的畫法。

螺旋延伸

螺旋形相疊延伸，無論是同方向相疊，亦或對應相疊都有其特色。

螺旋形加上點與線的輔助，又有另一種特色，線的曲線角度不同也能發展成不同的風貌。

簡單的搭配變化，也就成了一個簡單的基本圖騰。

HENNA基本圖騰

花蕊

由左到右依序為畫花蕊的方式。

先畫一個小點，小點外畫一個圓，接著依著圓畫數個半圓（小花瓣似的），再小花瓣外圍畫上個圓，將小花瓣與外圓的縫隙填色，不一定每個花蕊都要填色，可依花瓣畫法調整。

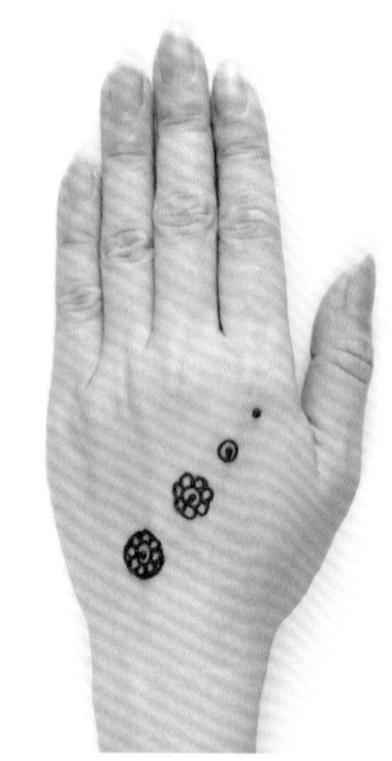

花瓣種類

下圖為花瓣的種類，可以整朵花都是同一種花瓣畫法，也可以選擇兩種畫法並用在同一朵花上，表現出不同風貌。

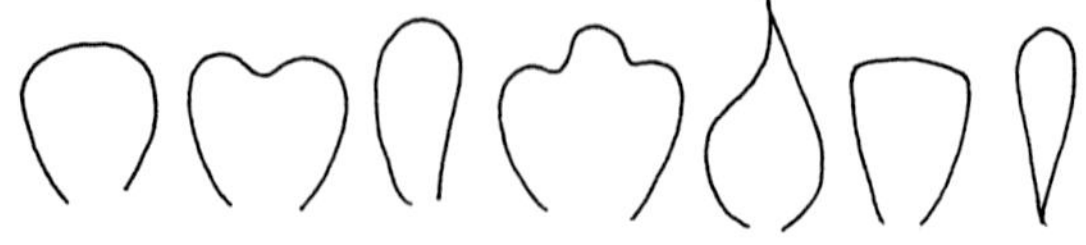

花瓣的畫法

選用同一片花瓣來解說。

圖1》標準形加上點線組成。

圖2》在花瓣外緣加寬顏色，使花朵立體度加深。

圖3》在花瓣外緣拉線往花蕊畫，只畫1/3至1/2的長度。

圖4》在花瓣上由花蕊處往花瓣邊畫，只畫1/3至1/2的長度。

圖5》在花瓣外緣加點並往外拉線，使花朵顯得活潑。

圖6》在花瓣外緣拉線往花蕊畫，畫滿花瓣，此畫法不適合畫太小的花朵，會顯不出花形。

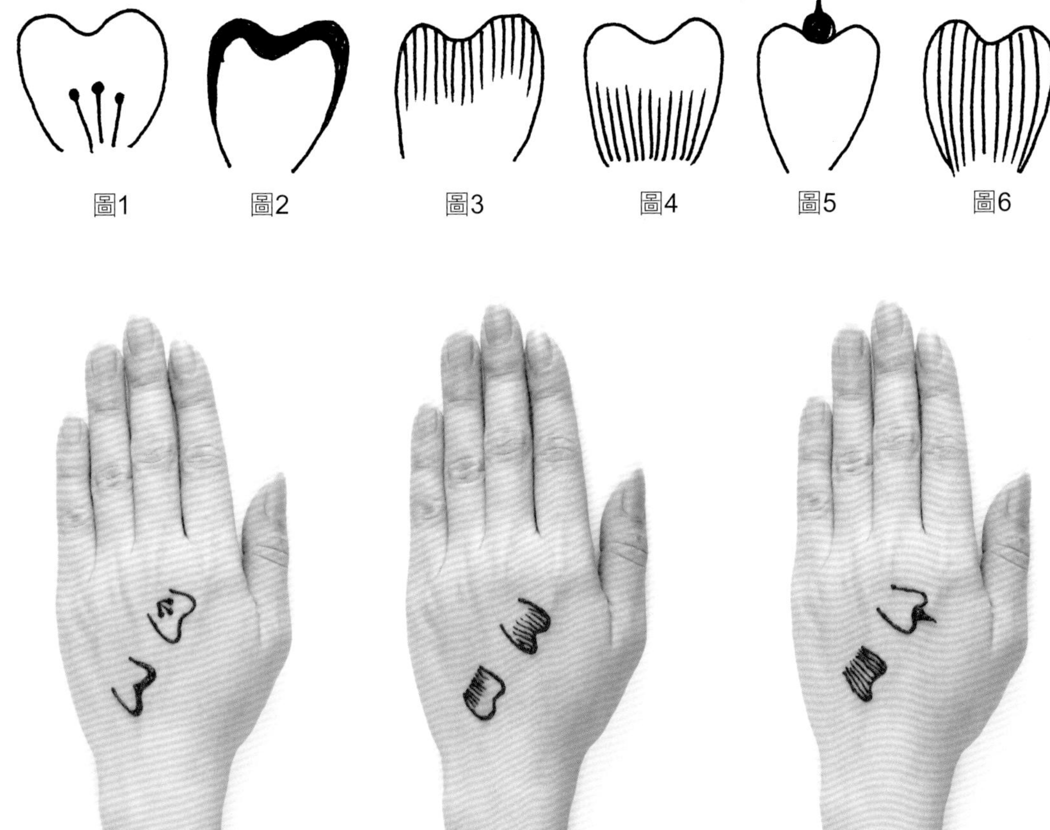

花的組合

以兩種花瓣來組成一朵花，同時也是同一種畫法組合成兩朵不同的花，只是微調了最外圍的花瓣調角度，就有兩種不同效果。

以下提供各種不同組合方式作為參考，你也能創造出更多元的組合技法喔！

葉片的畫法

右圖是同一種葉形，不同表現方式，中心葉脈可畫一條也可畫平行兩條，無論加斜線、留白或塗滿色都有不同感覺。

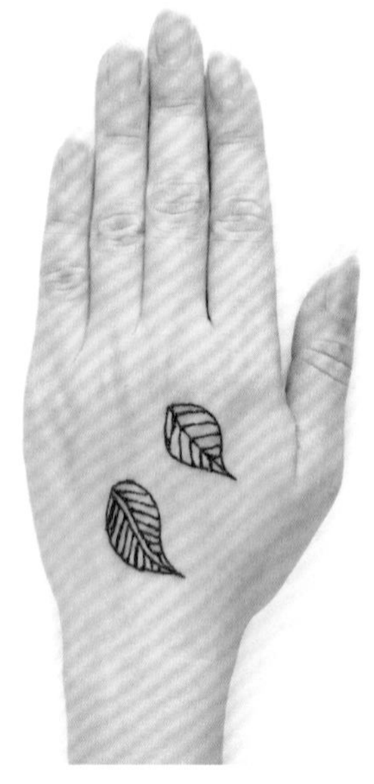

以「心」為外型，中心葉脈畫上一條或畫上兩條平行線，也可再加個「小心」，無論加半圓曲線、斜線、留白或塗滿色都與基本葉形有不同感覺。

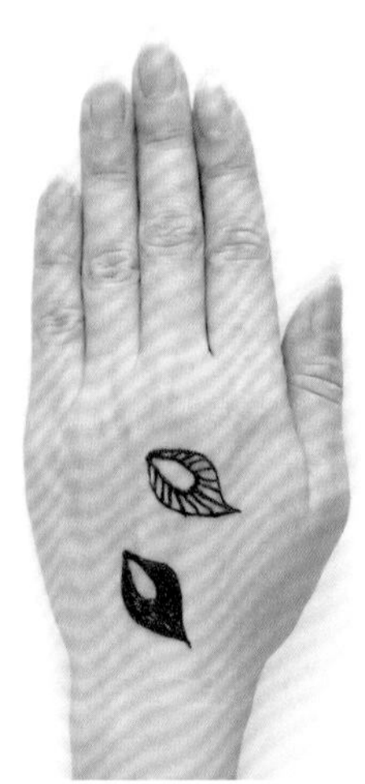

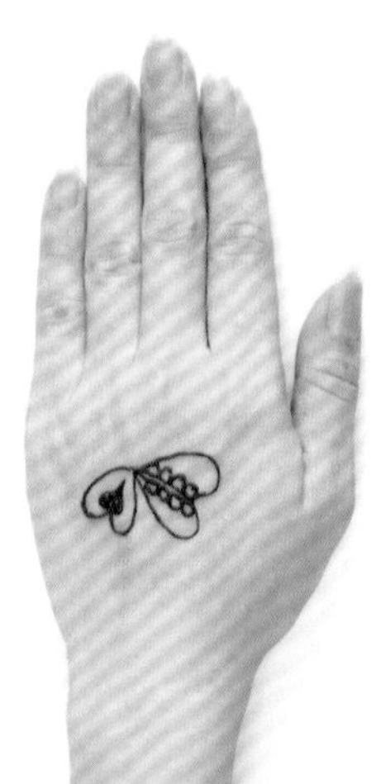

右圖是用數字「8」的連續畫法表現，越畫越小，最後再加上中心葉脈，這種畫法比較不是傳統表現手法。

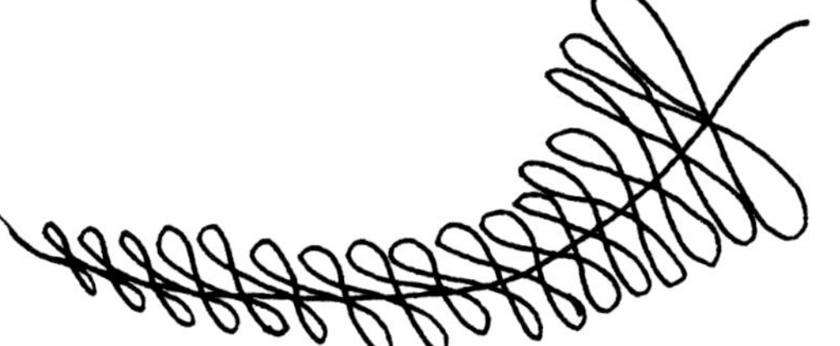

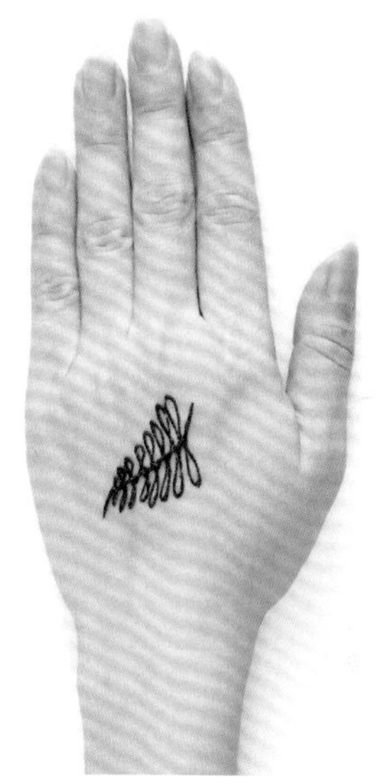

此圖的葉片雖不似基本葉片般常用，但風格特別，唯須注意左邊的葉片的大小，否則會搶走主圖的空間；若是搭配蔓藤則可表現獨樹一格的韻味。

無論是用哪種葉片表現，都要注意與花或孔雀搭配的比例，以免搶了主圖的丰采。

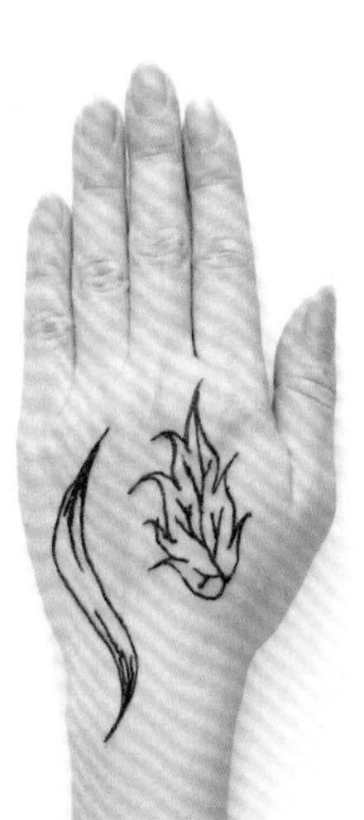

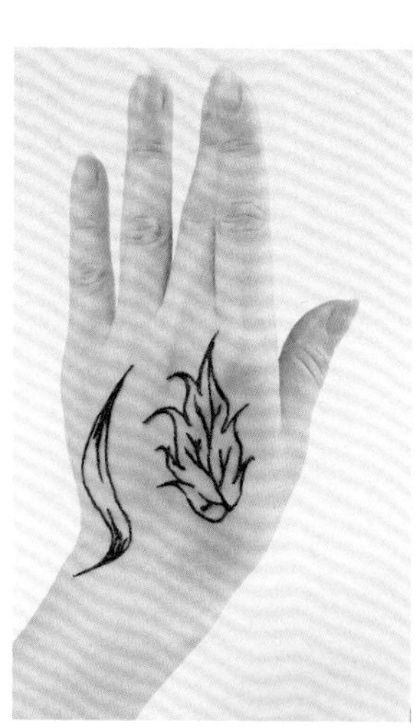

莖＆蔓的畫法

莖、蔓的基本就是點及拉曲線，同一種畫法曲線拉的不同，整個圖表現就不同。

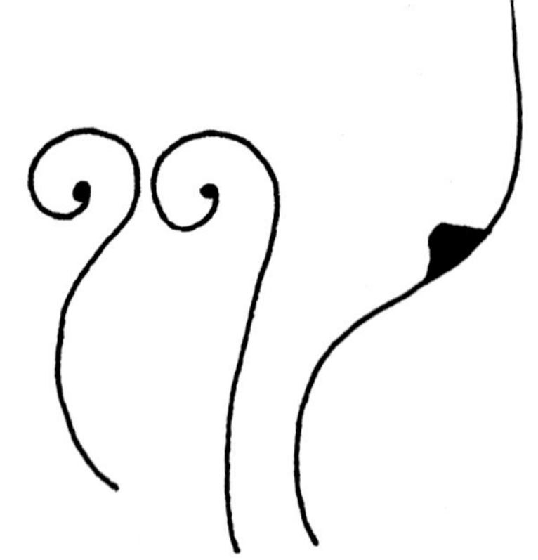

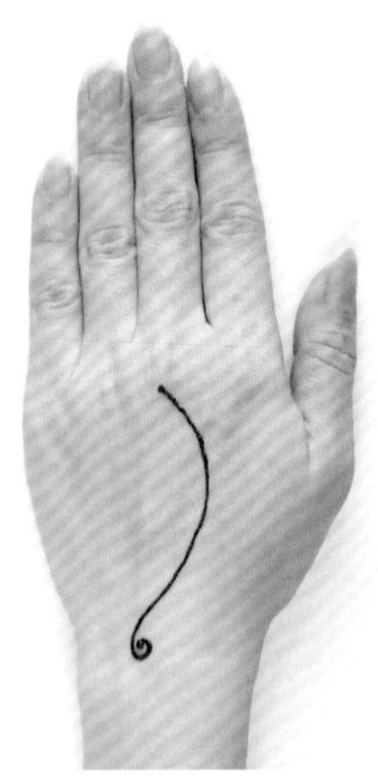

右圖使用基本拉線方式，搭配花瓣、半圓曲線、點、塗色的圓點，整個就非常不同，畫的間距及方向，也會使圖得整體感有所改變。

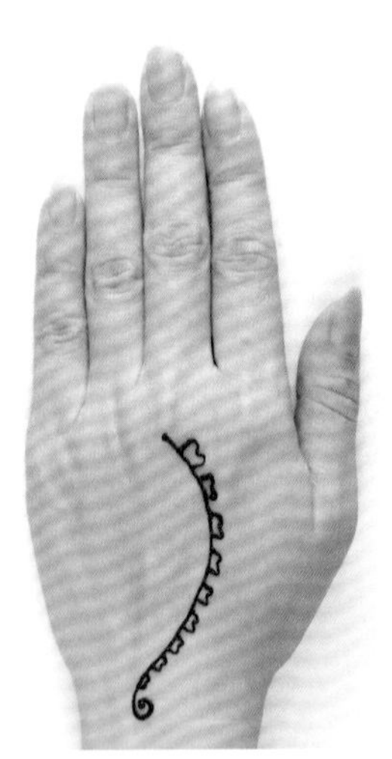

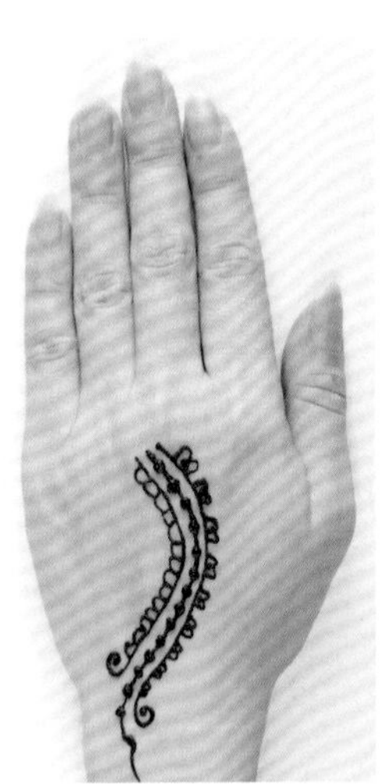

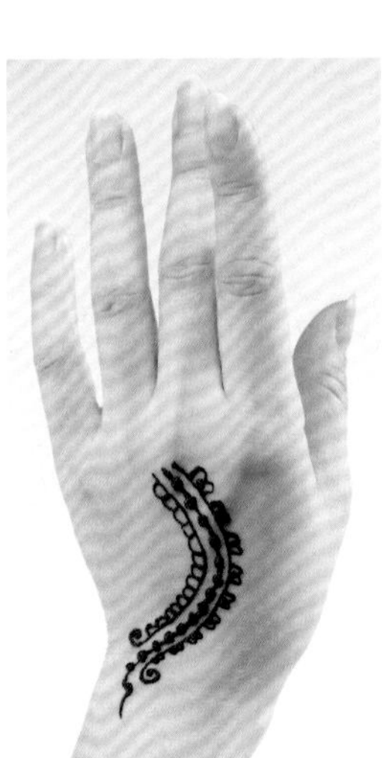

圖1》常應用在葉片邊緣，似花但沒花大朵，通常在葉片很多時橫跨葉片間，以區隔葉片的線條過多。

圖2》常應用在花朵邊緣，如蔓藤般使用，但不似蔓藤般延展那麼長，稍加變化也自成一個單獨的圖騰，放在花朵旁很出色但不搶花的丰采。

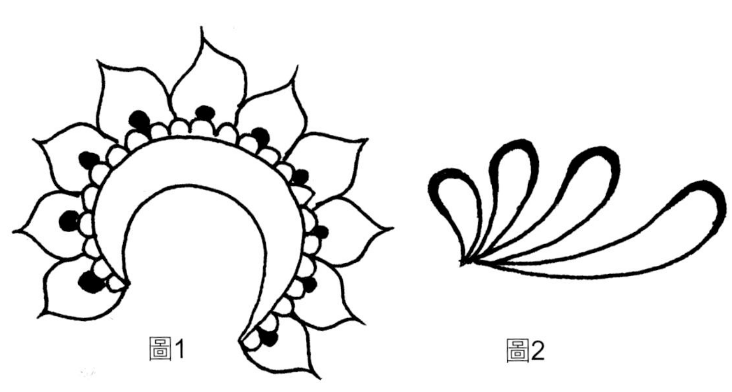

圖1　圖2

另一種蔓藤，有如彩帶般，常運用在花束的下方，有很好的延伸效果，加長圖的比例及精彩度，蔓藤延伸時仍可加些小花點綴，也可加上大小不一的點、水滴，以增加圖的完整性及豐富度。

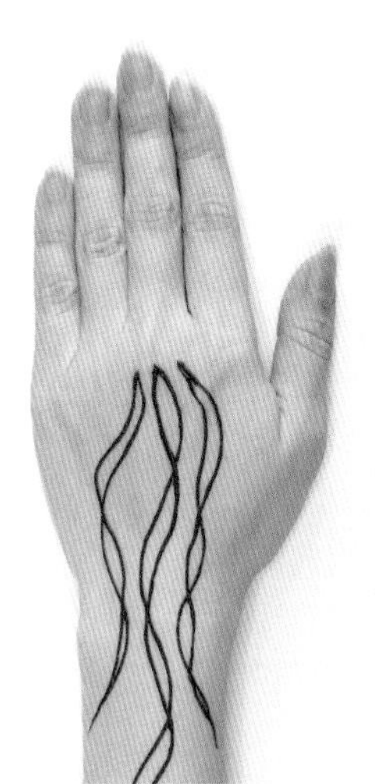

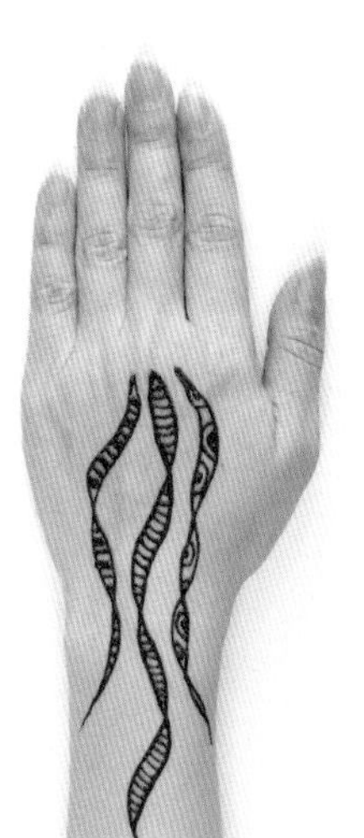

孔雀的畫法

孔雀的畫法已經融合之前技法，加上點、線、花、葉、蔓藤，就變化成各種孔雀。

以下提供各種不同孔雀畫法作為參考，希望你也能創造出更多元的組合。

081

印度傳統圖騰的畫法及變化

HENNA基本元素組合

將學到的直線、曲線、螺旋、水滴、花蕊、花朵、葉片、蔓藤、孔雀都應用上，組合成一個圖。

HENNA不同表現的多元畫法

每個圖騰會因有無填色、線條粗細而有所不同，再加上細節稍微調整，更顯不同，下列圖形都使用同一張圖騰，只是稍微調整、填色、粗細，就能展現不同韻味。

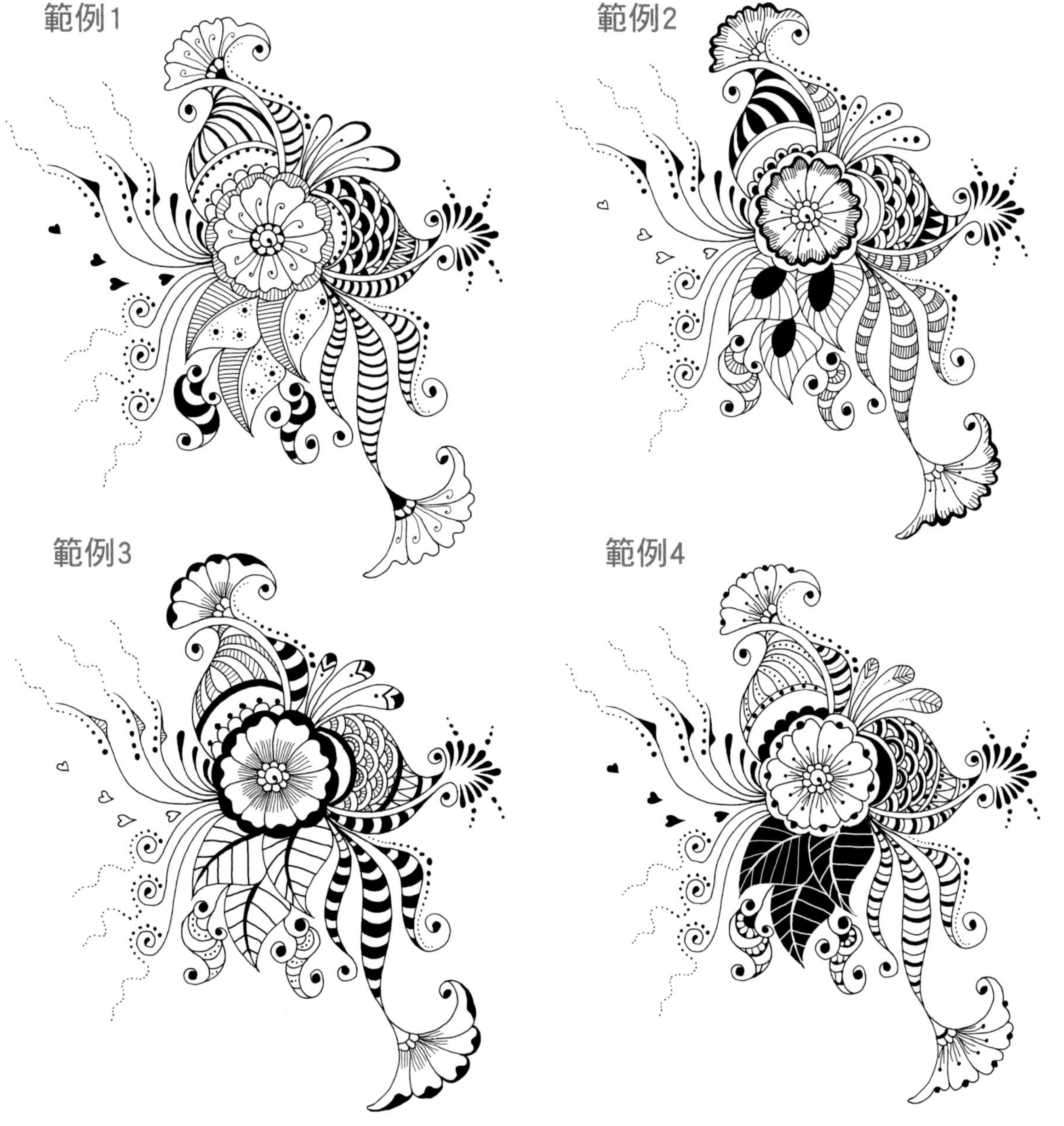

北非的幾何圖畫法

點、線，平行延伸

均為點與線的表現手法，平行方向延伸，以下以線為基礎。

圖1》圓與點加在線上，成彩帶狀。

圖2》菱形與填色菱形交錯，點為輔助點綴。

圖3》三角形中另有三角形，交織出圖形特色。

圖4》線為基礎，雙層三角形中加上點來點綴，形成另一種特色。

圖5》線為中心基礎，在曲線之後，露出的部分填滿色，曲線更立體，彷彿要跳出畫面般。

圖6》線為上、下基礎，將雙層菱形套入，中心加上點線的花心，無限延伸就是一個帶狀圖騰。

圖7》延伸上圖，將雙層菱形改成一層菱形，將區隔的圖形改成接連圖形，又是一個新圖。

圖8》線為基礎，以三角形呈現，點線的延伸有如樹枝。

圖9》線為基礎，一樣是三角形呈現，另將點線單獨呈現發展，產生另一個新圖。

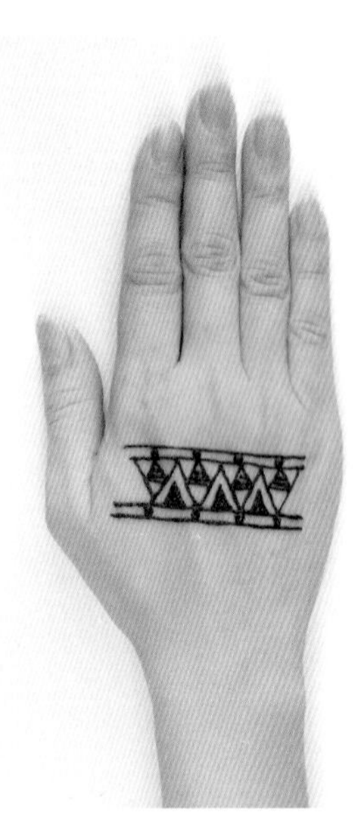

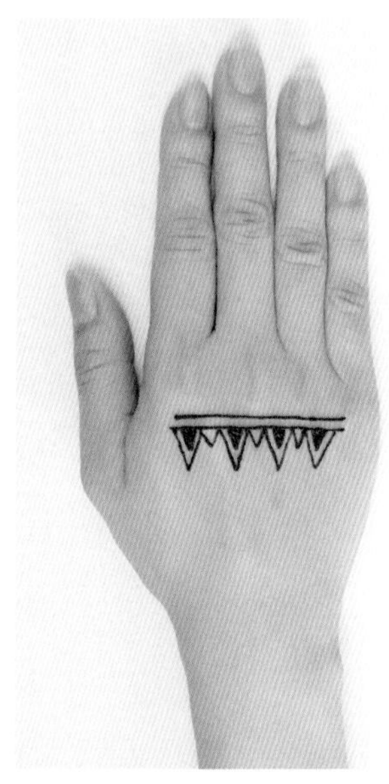

圖1

圖2

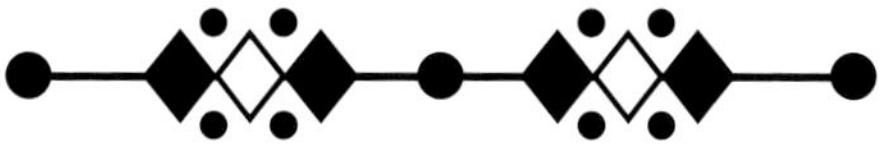

圖3

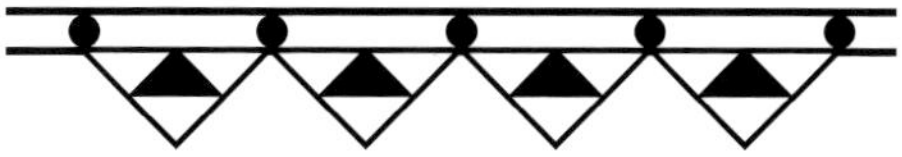

圖4

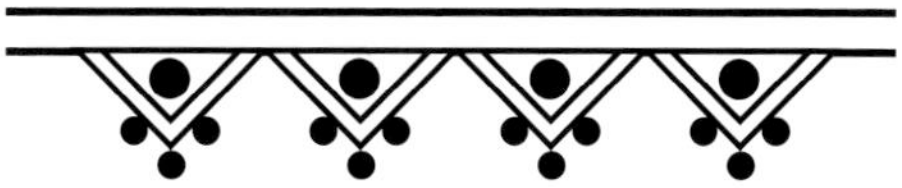

圖5

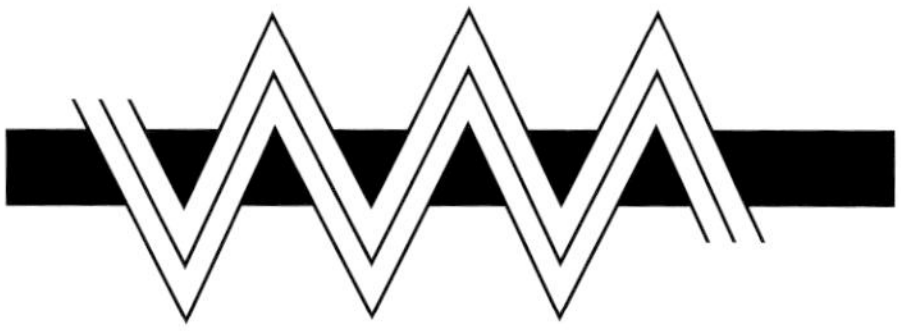

圖6

圖7

圖8

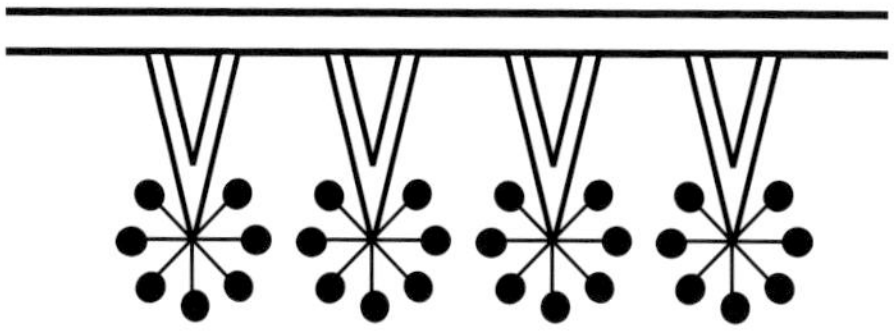

圖9

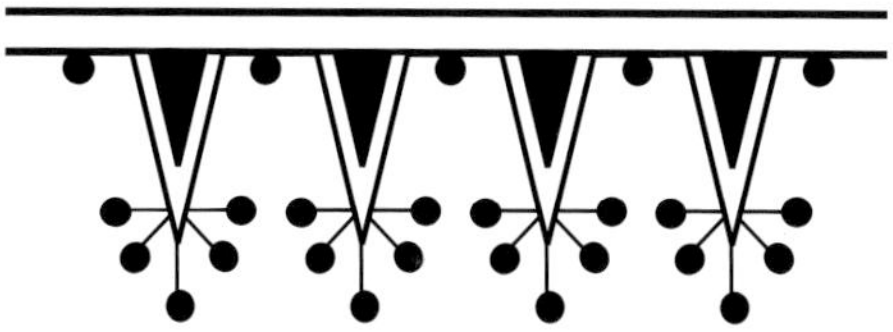

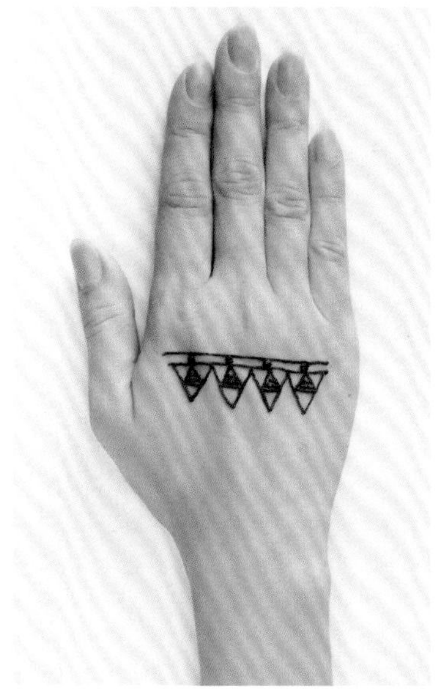

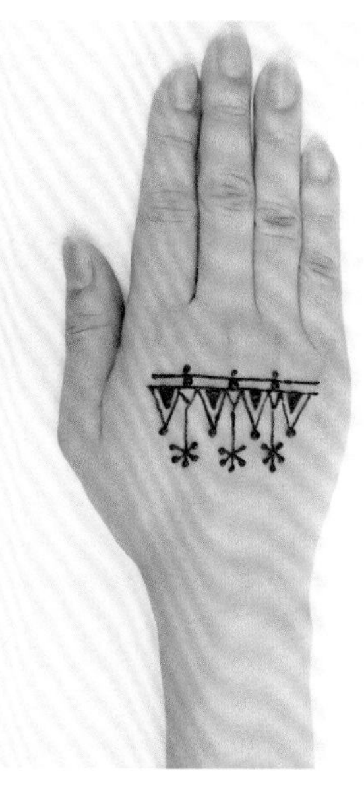

點・線的四方延伸

顏名思義，四方延伸就以一個圓點、方點或菱形點為中心，向上、下、左、右四面去延伸。延伸方式有很多種，可以只單選一個方向延伸，也可呈現放射狀延伸。

圖1》可以只用圓點加上放射發展，宛如一朵花般。

圖2》還可用月亮、太陽加上點、線放射發展，形成另一類部落風圖騰。

圖3》畫個方形，再畫個旋轉90°的方形，兩個方形交疊處，填滿顏色，就像朵花般，加上圓點點綴在花外圍，屬於北非圖騰的風格。

圖4》將菱形套菱形，運用填色及畫斜線方式也可變畫出很多不同的組合。

圖5》只要用點及線，加上一些簡單圖形，以不同方式重新組合，就會產生一個新圖騰，再用不同區塊的填色方式，立即產生不同風貌的圖騰。

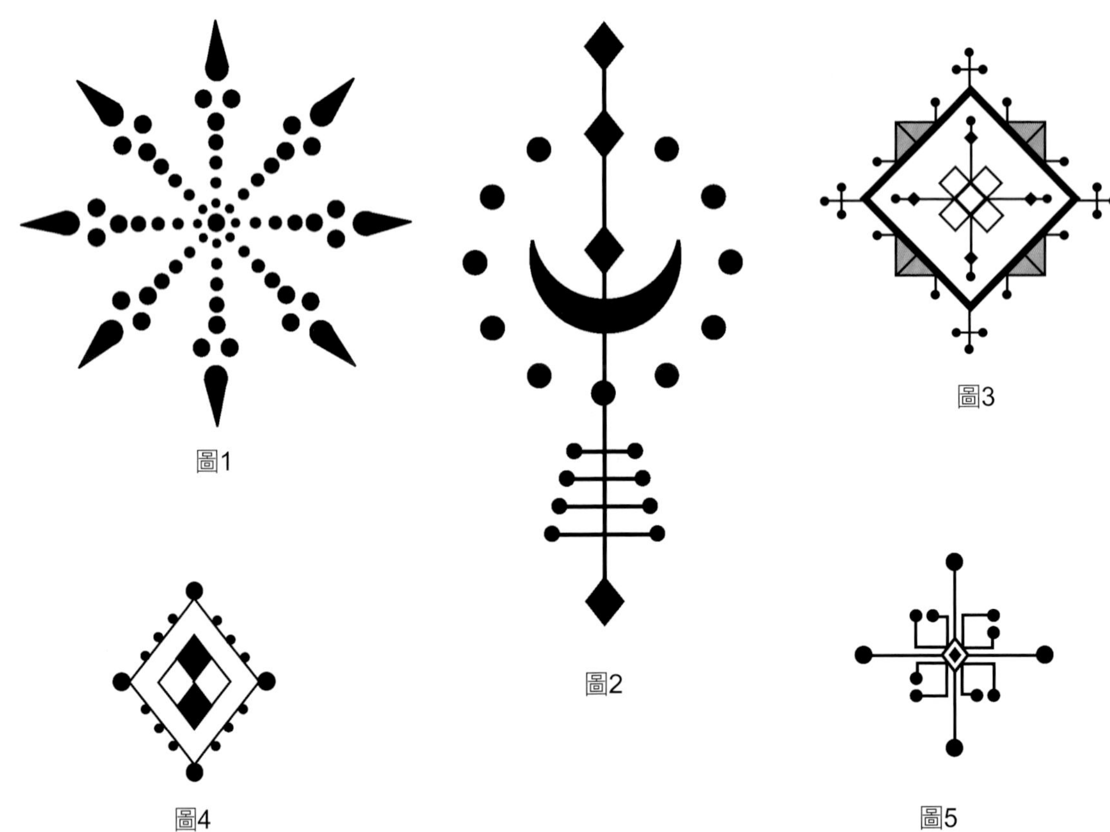

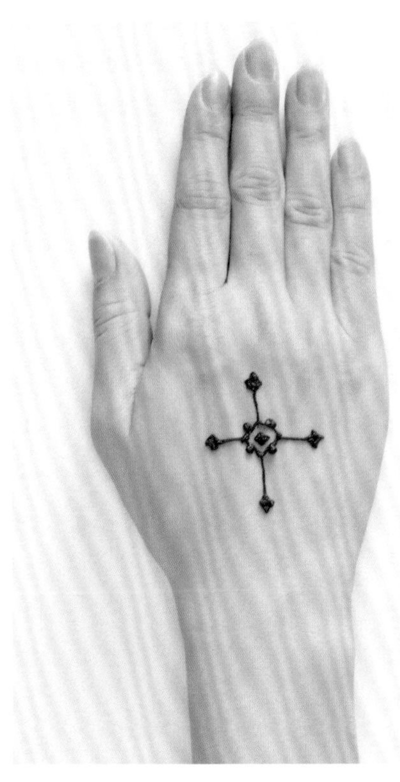
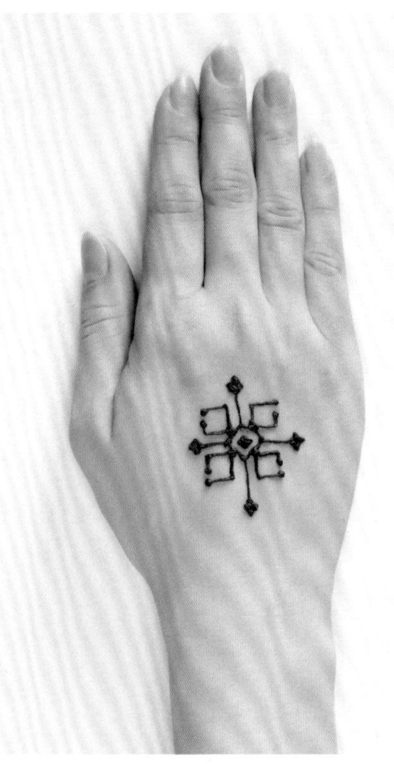

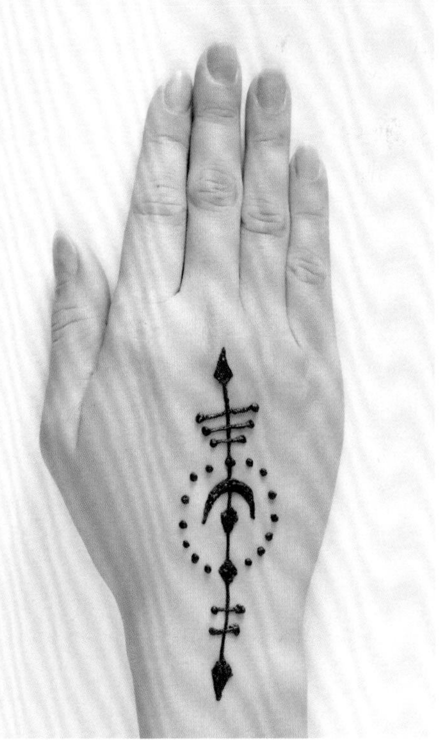

排列・組合

在彩繪的圖騰中，只有北非圖騰有這種排列組合的方式，也是特點之一。可以說是無限個方形或菱形堆疊而成。基本上要畫這種排列，圖案一定要簡單，才能顯出特色，如果圖案複雜了，反而特色較不明顯。

下圖》將圖案稍加變化，是不是就很出色，也可以只填色不加點，也可以只加點不填色，更可以加三點。

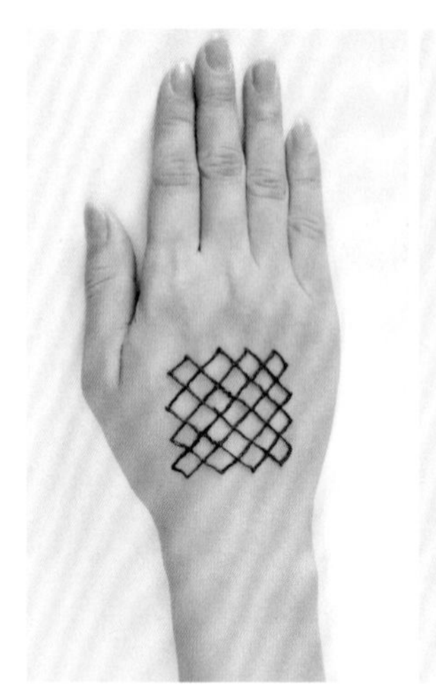

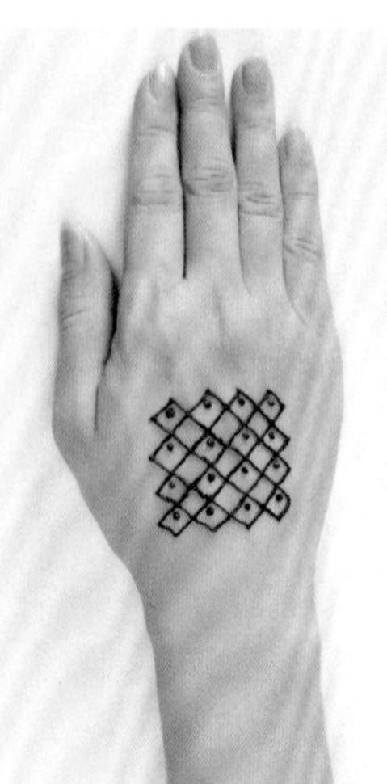

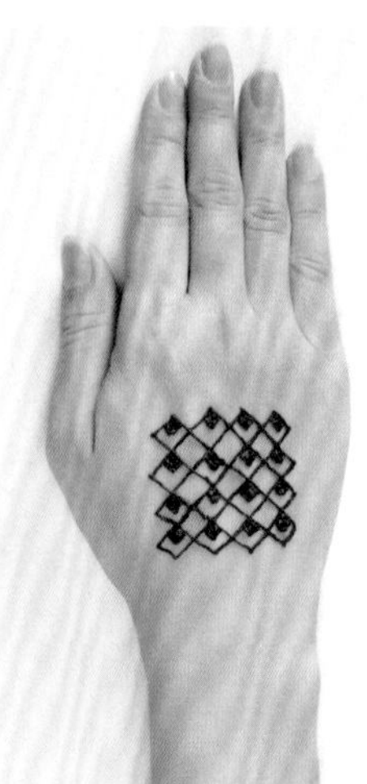

先完成「米」字圖形，外圍再加上小點，就是一個基礎圖形，可在每個「米」字之間加上點，連成一幅幅不同的圖案。

◎只要用點再加上一些簡單的排列變化，用不同方式重新組合，就會產生一個新圖騰。

◎在彩繪的圖騰中，除了基本元素、基本圖騰，其餘都靠不斷的排列組合來產生新圖及變化，只要將基本的圖騰練好，就可隨心變化排列、組合，說不定能畫出意想不到的圖形。

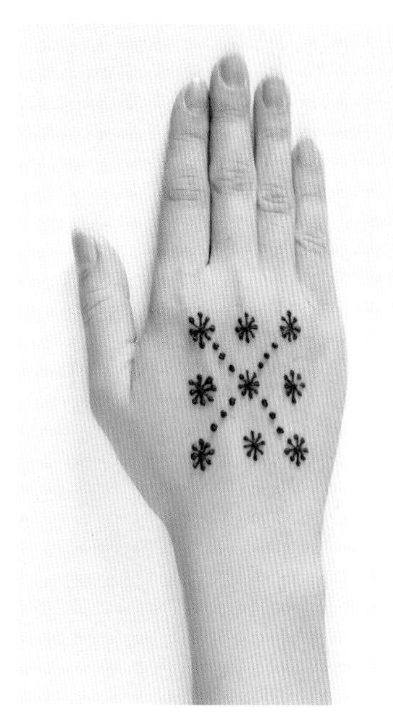

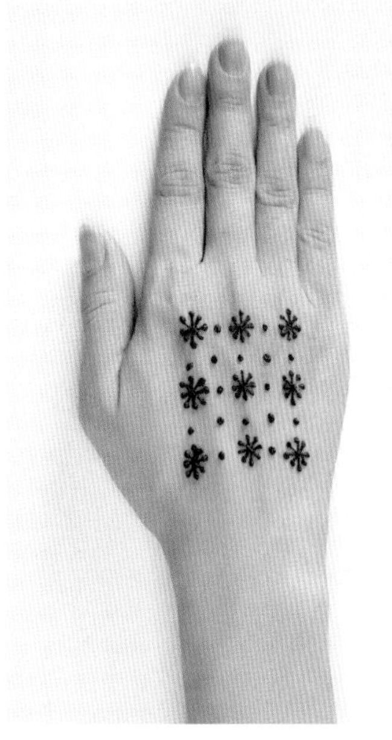

「鑽石」圖案

◎有許多圖形都是由不同角度的方形或菱形堆疊而成的，看起來好似「星星」，也因為像「星星」般閃閃發亮，所以又稱為「鑽石」圖案。

◎「鑽石」圖案的圖形都是由「井」字開始延伸變化。先畫一個「井」字，將四條線的終端拉回交接，就產生許多三角形，將這些線條中再用線切割，一樣產生許多新的塊狀，再用不同區塊的填色方式，即產生不同風貌的圖騰。

◎外圍除了光芒式圖騰，也可加上水滴圖騰。還可以加入些花瓣、葉片、半圓，增加圖案的豐富度。

◎無論是使用方形、菱形堆疊或由井字開始畫，當完成基本圖案時，最後加上的點、線形成的放射狀光芒，就宛如鑽石般閃閃動人，以「鑽石」形稱呼它再貼切不過了！

部落圖騰的畫法及變化

基礎部落圖騰

◎基礎部落圖騰看起來與坊間所謂「刺青」很雷同，圖騰所表現的方式也很像。部落圖騰基本上線條比較簡潔，與其他類型圖騰很不相同。

◎有人特別喜歡此類圖騰，因怕痛而不敢嘗試「刺青」的朋友可以用HENNA來表現此圖騰，可以滿足想要有個特別圖騰在身上的樂趣。

◎部落圖騰的簡潔是其特徵，所以處理圖騰時邊緣的俐落度要注意，該尖銳的地方要尖，不可鈍，否則顯不出其圖騰之特色。

◎基礎部落圖騰還有動物類，如蜥蜴、老鷹、蝴蝶、龍、狼……

學習延伸構思

每每在畫本上練習構圖繪製作品，將喜歡的作品繪製到身上時，常因人及部位的不同，而須將圖稍作改變，為了繪製時臨場反應的快速，平時就應練習延伸構思。以下選了幾個主題來作發想練習：

（一）以花朵為主題延伸步驟

1 先畫一朵花，無論畫幾層或幾辦，先由花瓣開始往外延伸，將每一朵花瓣當一個主圖去發展。

2 將一個花瓣延伸成一個單獨的圖，可以是花也可以是孔雀，隨意發展成更大一朵花的一部分，也可以單獨是一個圖。

3 將第二個花瓣再單獨發展。

4 第三個花瓣也是獨自發展。

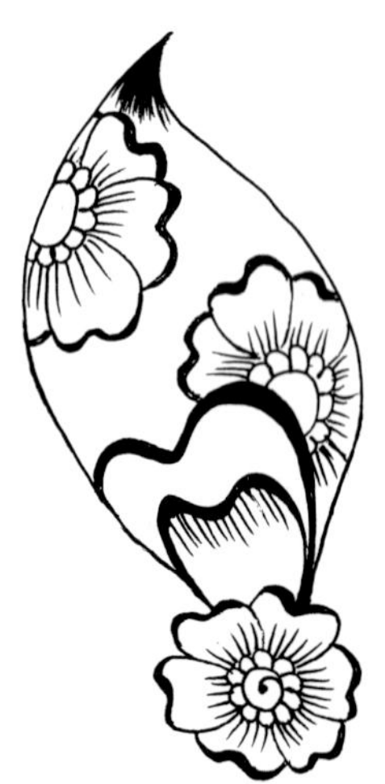

5 第四、五個花瓣也是獨自發展。

6 完成後，變成更大一朵花，每個花瓣又各自獨立圖樣。

8 單純只是將花瓣與花瓣之間填滿圖，應用緞帶式藤蔓，加上水滴狀蔓藤，如果單獨使用也是一個獨立的圖騰。

7 接下來任你組合，將兩個花瓣邊緣，各自再加描一層平行線，是為區隔接下來的圖，結合成一個大花瓣，空間再畫上花瓣、畫上心，頂端用水滴的堆疊成一個冠，又是一個獨立的圖。

9 與圖7雷同，將兩個花瓣結合成一個大花瓣，空間再畫上花瓣、緞帶式藤蔓，加上水滴狀蔓藤，頂端用水滴的堆疊成一個冠，又是一個獨立的圖。

完成圖

（二）以花朵為中心點延伸步驟

1 以花朵為中心，呈現放射狀構圖，不與旁邊花瓣、圖像連結，只往上、下、左、右四個方向延伸構思。

2 上圖中先往上發展，畫兩個孔雀形，沿外緣畫平行線，向上延伸。
左側以螺旋當花蕊往上發展兩片孔雀花形，中間以拉線加點作收尾延伸。
右側以孔雀花一片一片向上堆疊。

3 下圖則是向下延伸，畫兩個孔雀形，再畫平行線在外圍，向下延伸。

以左側平行線的螺旋作為花蕊，發展出一朵花，沿著外緣加上兩朵花，以花朵下方邊緣向下發展出一片孔雀花片，以拉線藤蔓的方式作為這朵花的收尾。
右側的孔雀花片以拉點成水滴放射狀收尾。
單看這個圖騰也是一個獨立圖。

延伸練習可以幫助你隨心所欲揮灑，不用一定每一筆一畫都複刻圖騰，不妨隨性發想構圖。

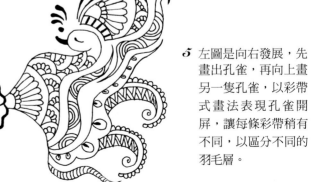

4 上圖是向左發展，先延伸花瓣再加上孔雀花片，沿著外緣畫平行線，加上半圓曲線及花瓣，也是一種圖騰表現法，與右邊的圖之間加上水滴延伸圖形，水滴圖形本身也可再變化。

5 左圖是向右發展，先畫出孔雀，再向上畫另一隻孔雀，以彩帶式畫法表現孔雀開屏，讓每條彩帶稍有不同，以區分不同的羽毛層。

7 左圖是在花朵外緣處，除了補上一片孔雀，剩餘部分就用彩帶式畫法將圖完整性延伸呈現。

這裡就有好幾種彩帶畫法，右邊向下垂長加上點狀，延伸性很好，接在花朵、葉片的下方很有捧花的感覺。中間的緞帶可以補滿畫面，自己本身也是一種圖騰，可區隔畫面的孔雀與花朵，形狀可依空間自由擴大、縮小。左邊的緞帶是兩頭尖，中段胖，可做另一種延伸表現，當你無法將一條線延伸很長時，用此方式可改善斷線的問題。最左的水滴加上向上及向下的點點作為延伸，更能凸顯水滴的生動、活潑。

完成圖

（三）以填滿畫面為主題延伸步驟

1 此次發想以填滿一張A4紙為目標，由角落出發，向三邊延伸，出發的點以花心為開始，放射狀構思發想，每片圖案盡量不同，自由發揮。

2 上圖是開始發展的第一層，將它想成是一朵花，向三面延伸生長的花瓣，盡量讓每片之間的留白相同，並依照旁邊的曲線跟著宛延，因為要繼續延伸，所以每片結尾盡量呈尖狀，好讓下一層依序發展。

3 接著由第一層圖留下的縫處開始往外擴散，並不要求每片外型都以相同方式處理，也可以是分岔的葉片，也可以像花片般的葉片。

4 中間點接近紙的中心，將花帶入，讓畫面豐富，呈現出第二個重點。不單只有如蔓藤的葉片狀，留下的空間、尖角的縫處……讓下層圖接上延續的花形葉片。

6 將花帶入後有點回到開始的感覺，相接觸之處不再只是尖角縫，有比較大的平滑處。

7 接著再將花帶入後，角度空間發展有變大，可以更隨心向三面延伸，還是有上一層的感覺，每片距離加大，可以無限發揮想像，可以是兩頭尖的葉片，也可是一朵花夾其中，但別忘了，原則是：「將畫面填滿」每片間距相同，繼續……

8 持續將尖角的縫接上延續的花形葉片，距構圖外緣愈近時每片葉片就愈小片，剩餘的縫隙別忘了填上圖樣。

每一葉片圖案都不相同，也可同中求變，這幅圖也能練就孔雀身上圖騰的變化，使你能在短時間內畫出不同樣貌的孔雀。

相信完成後，你會有極大的成就感，也可以大圓練習，在圓中畫滿圖案。請多加練習吧！

完成圖

PART 4

圖案集

HENNA

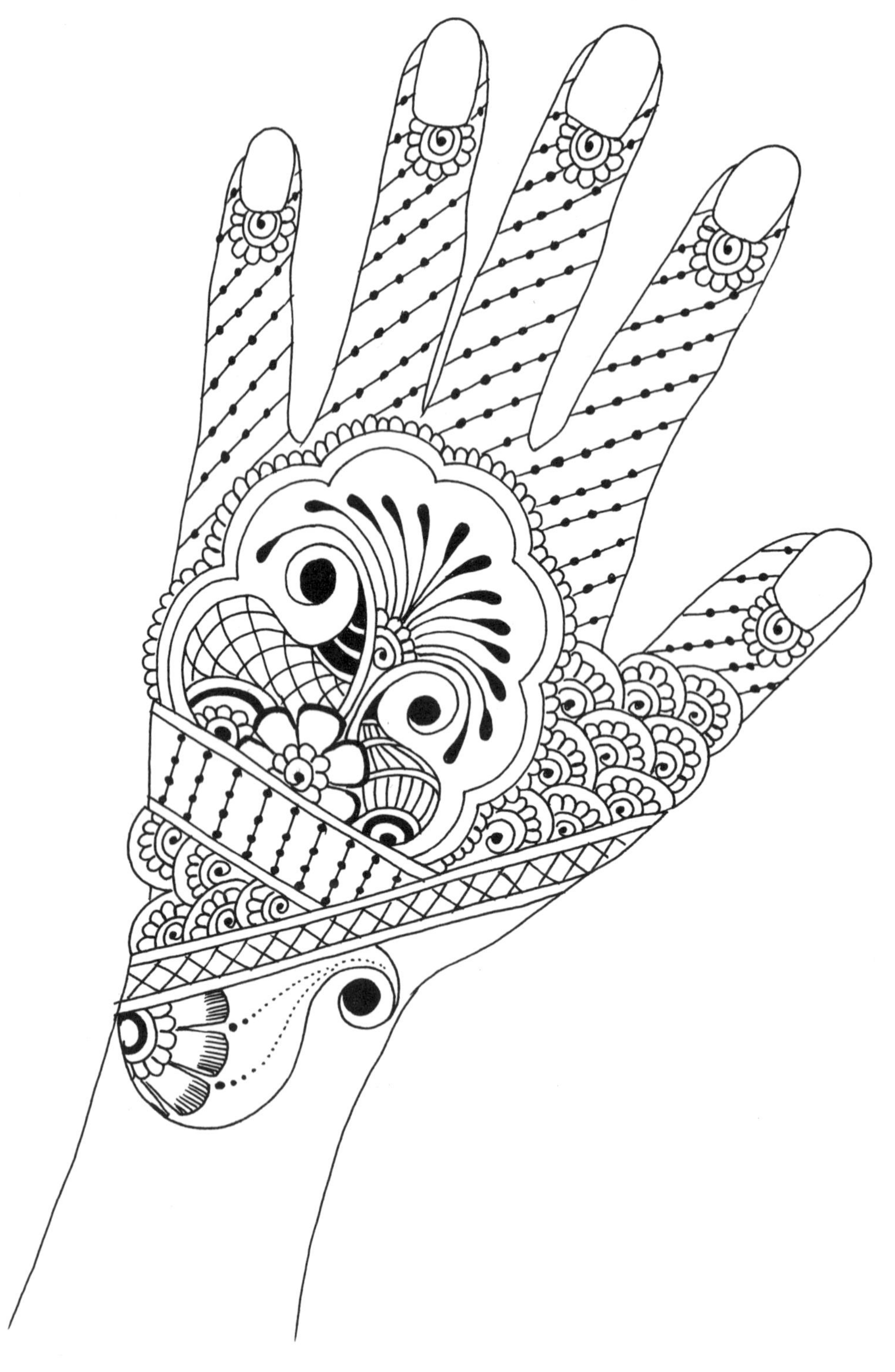

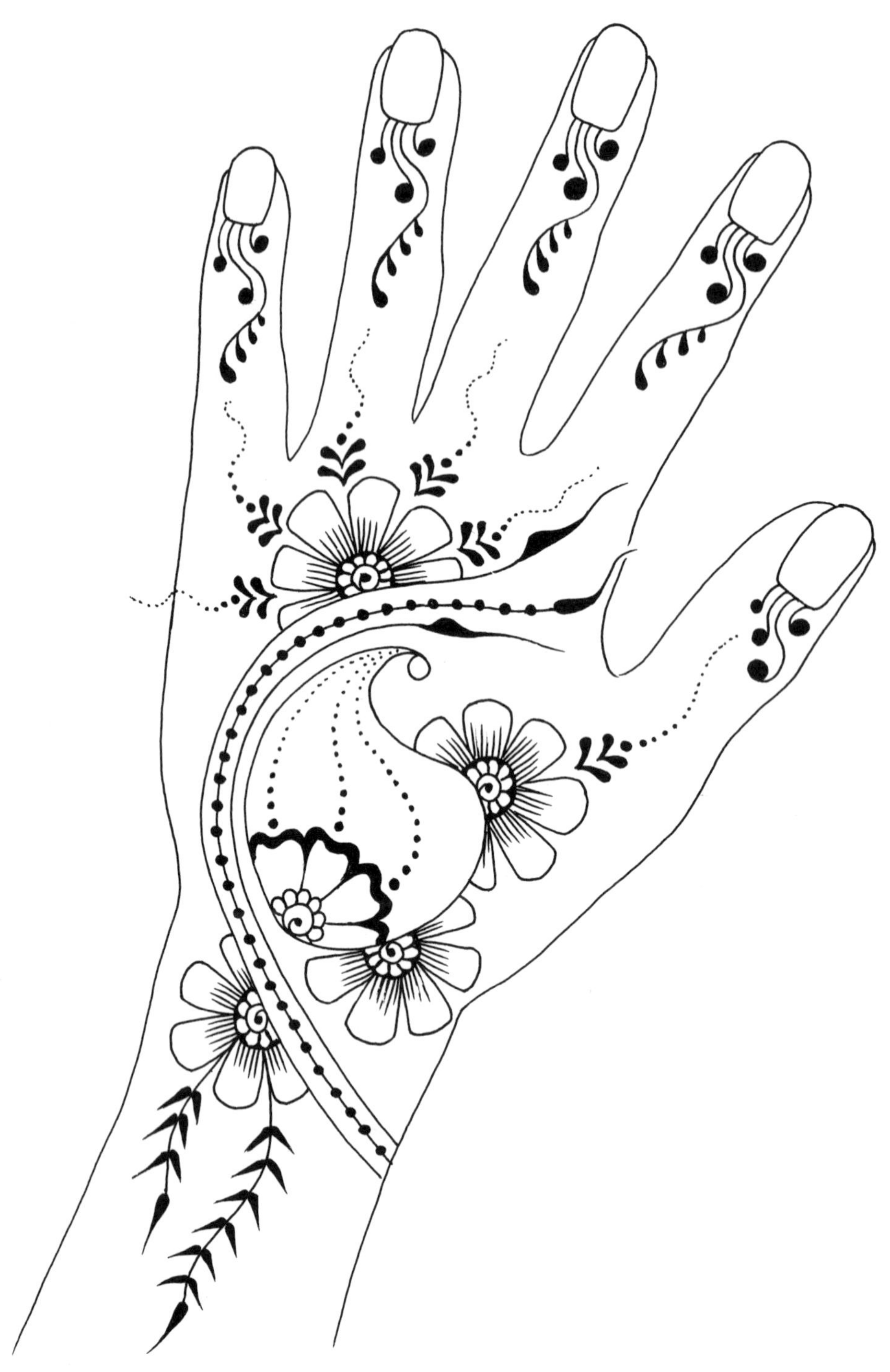

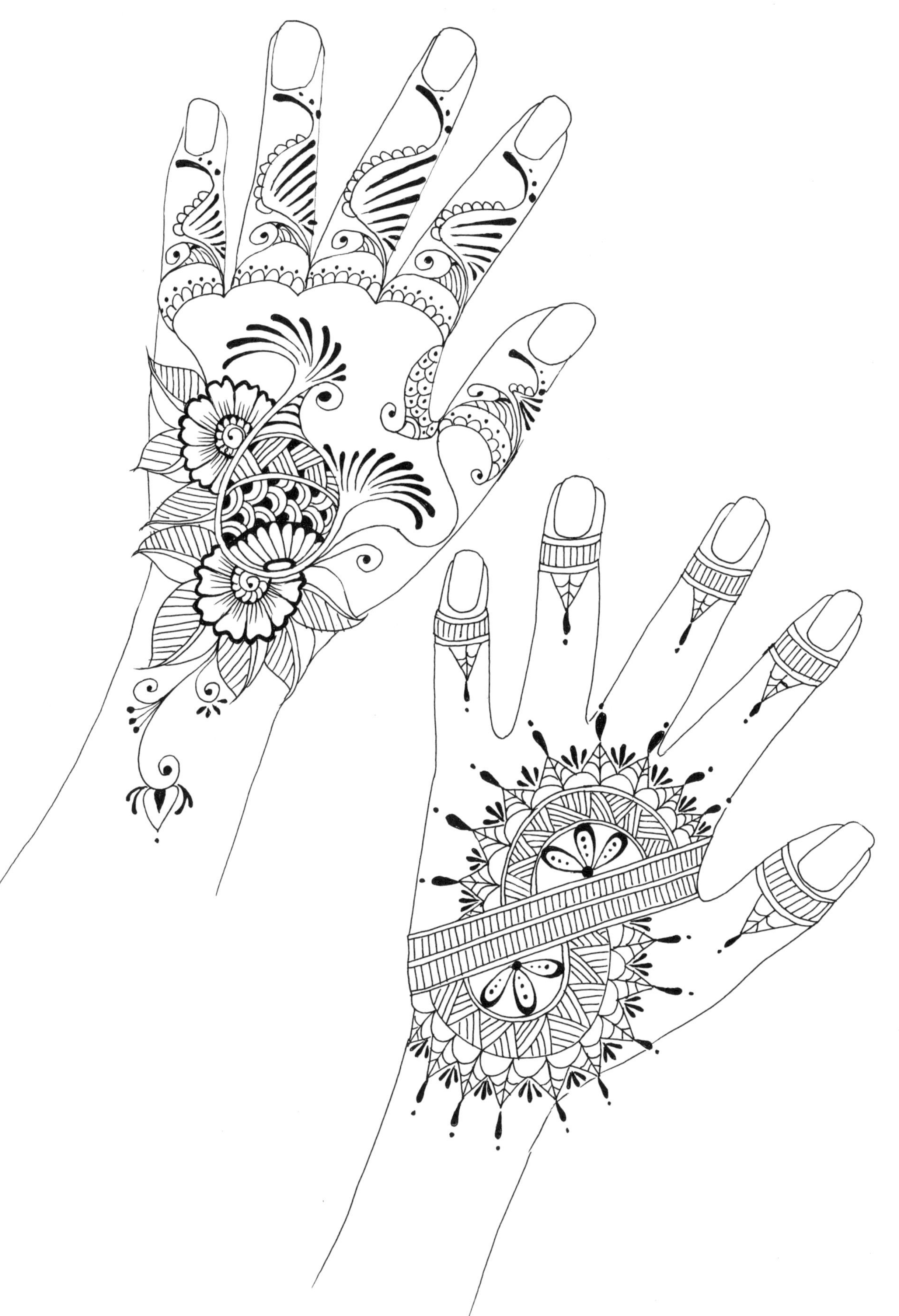

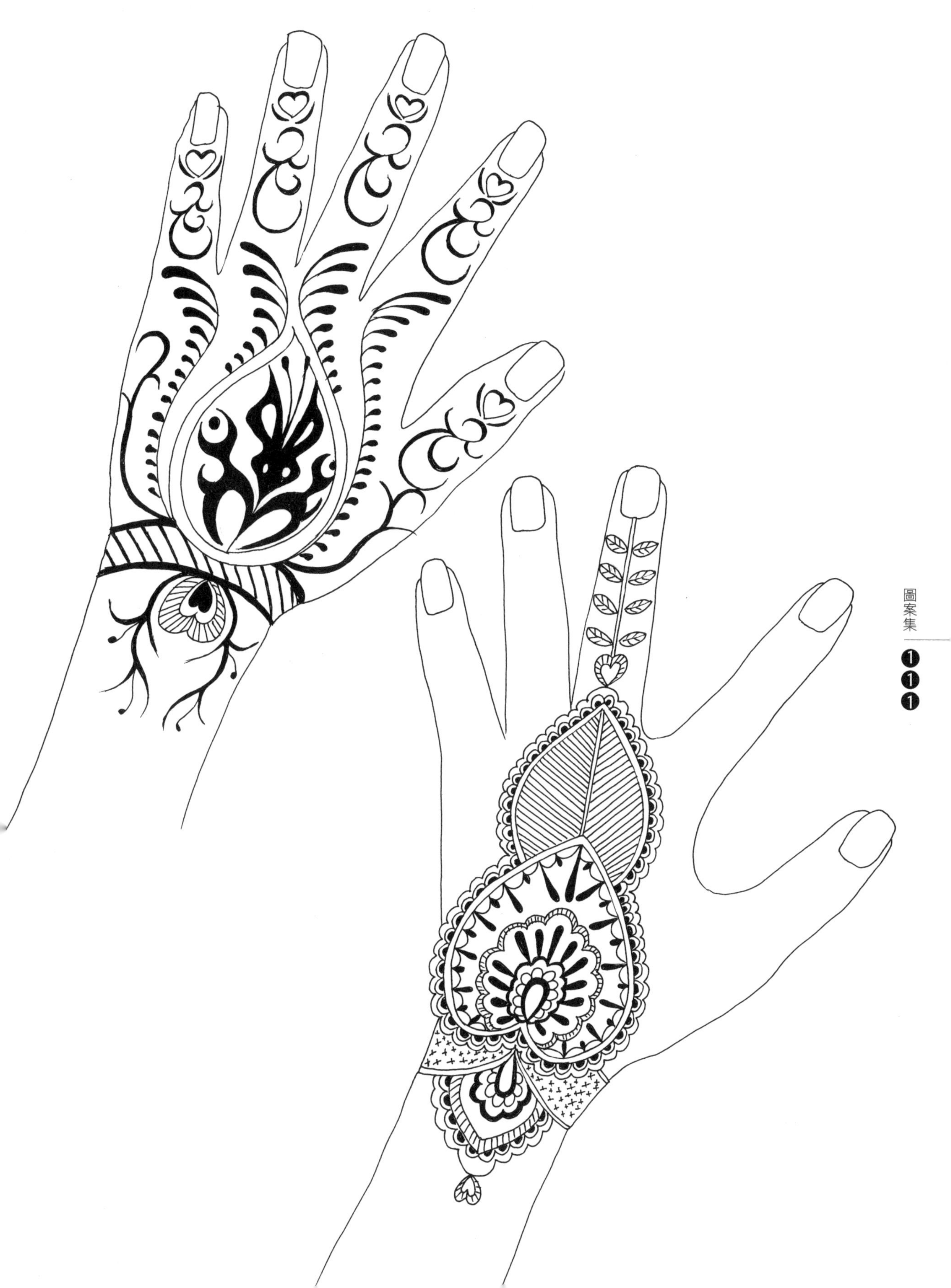

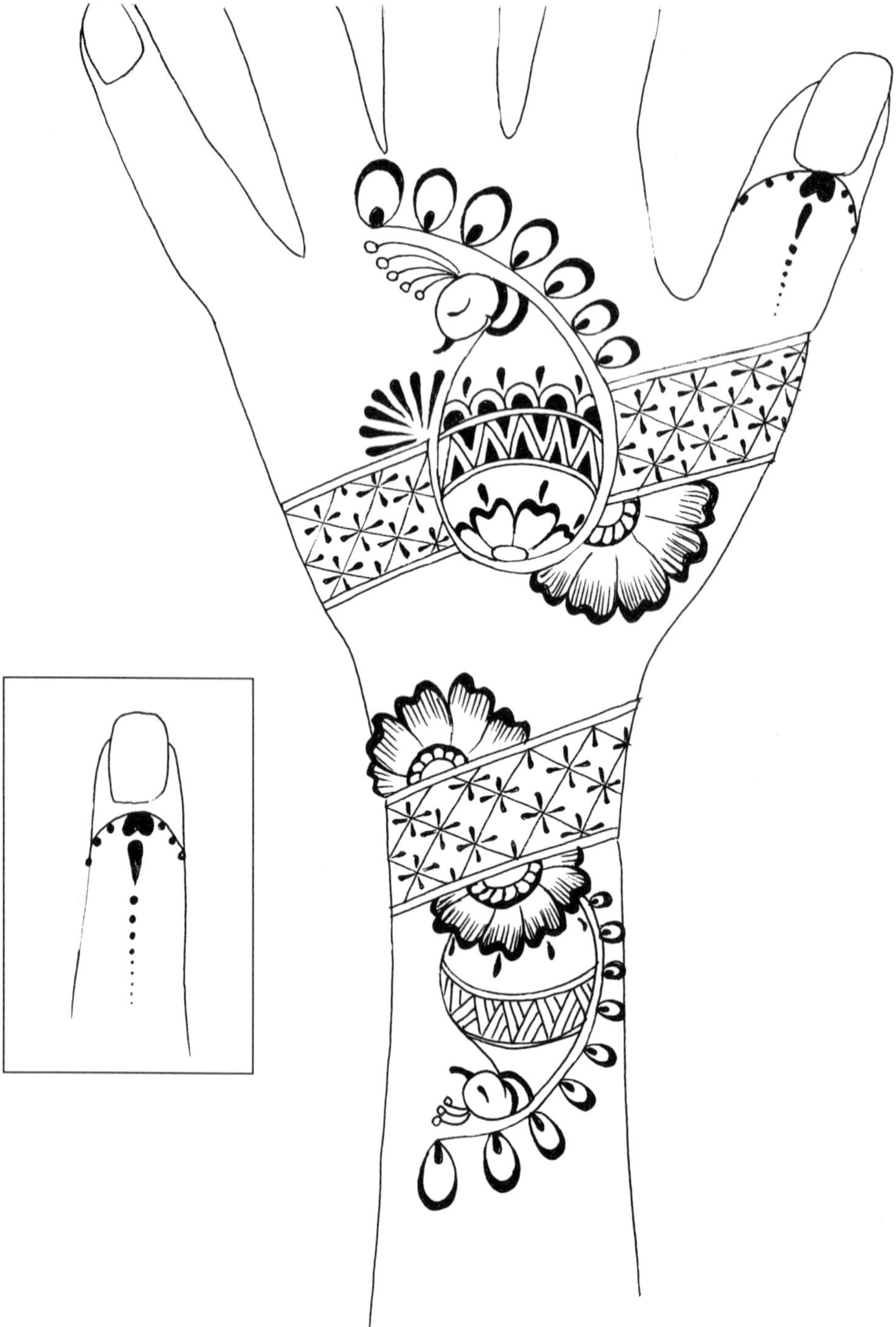

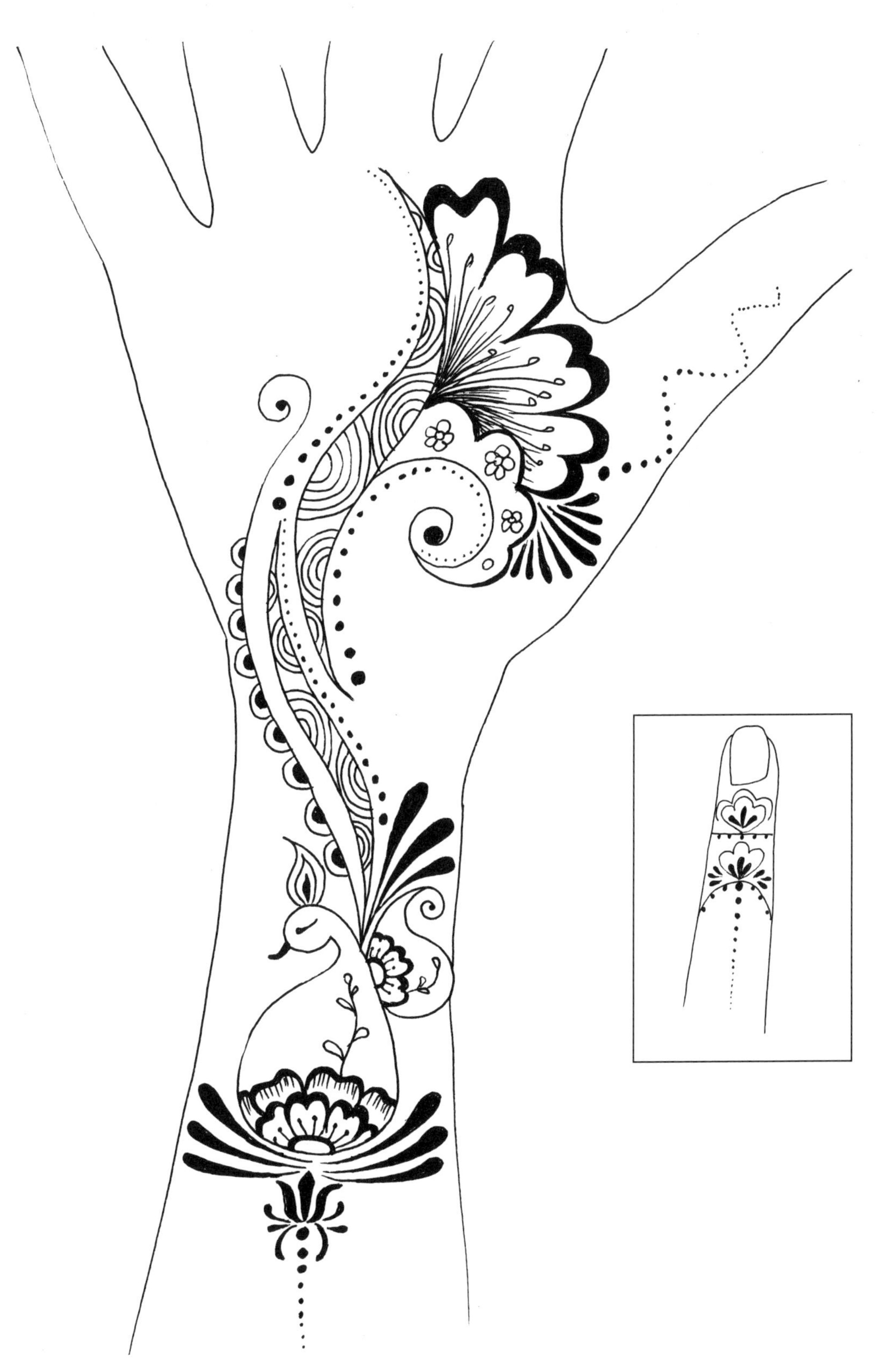

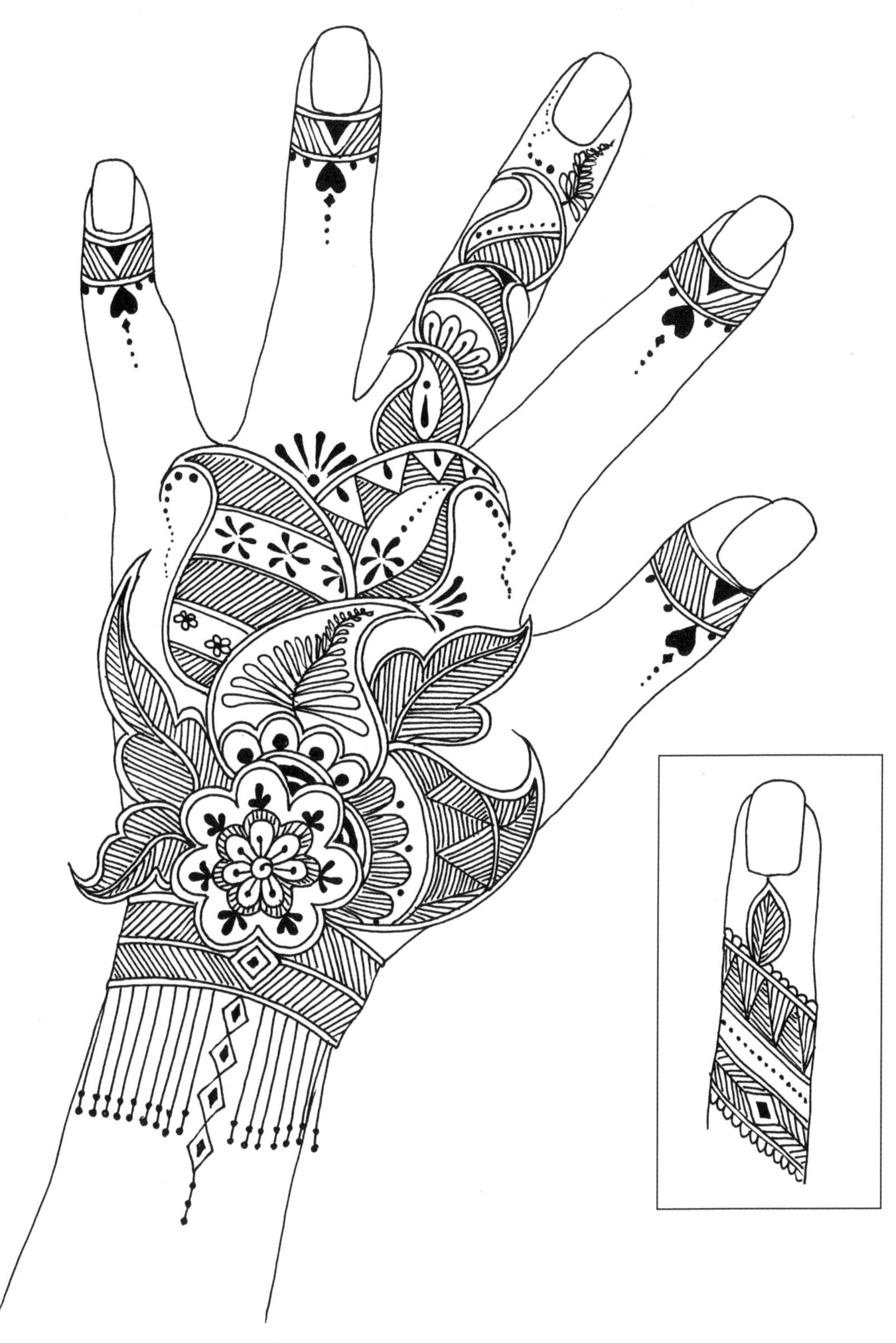

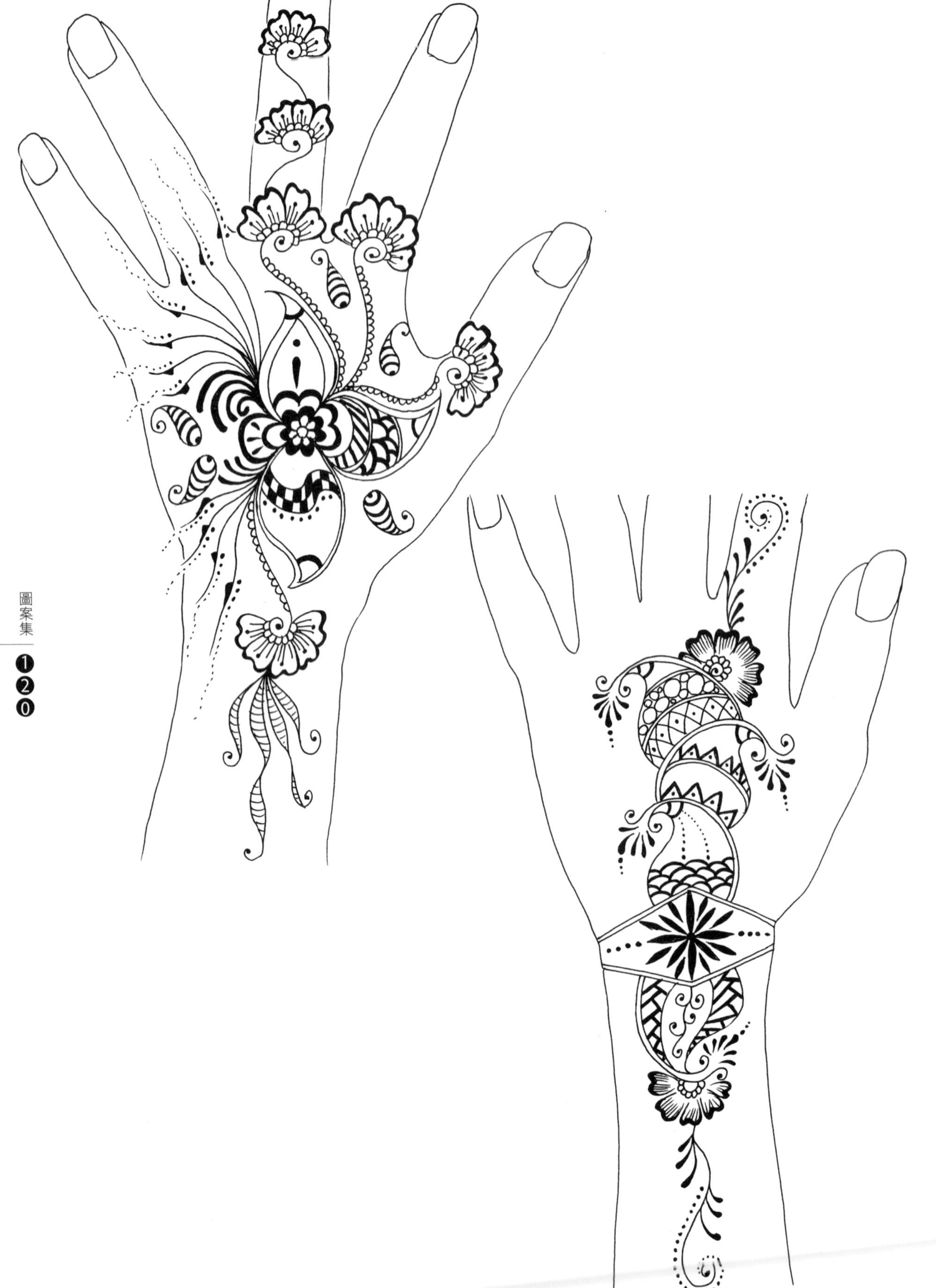

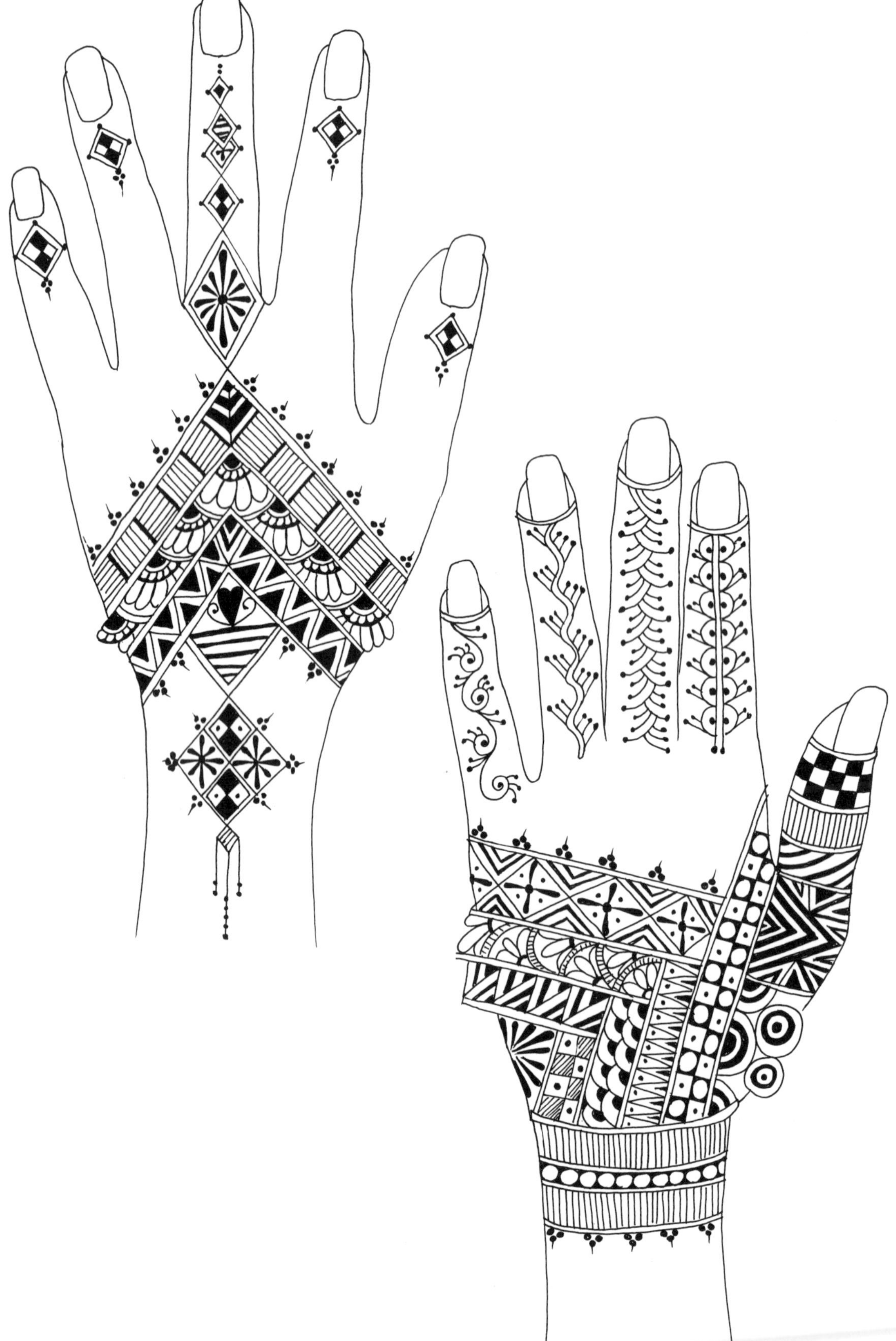

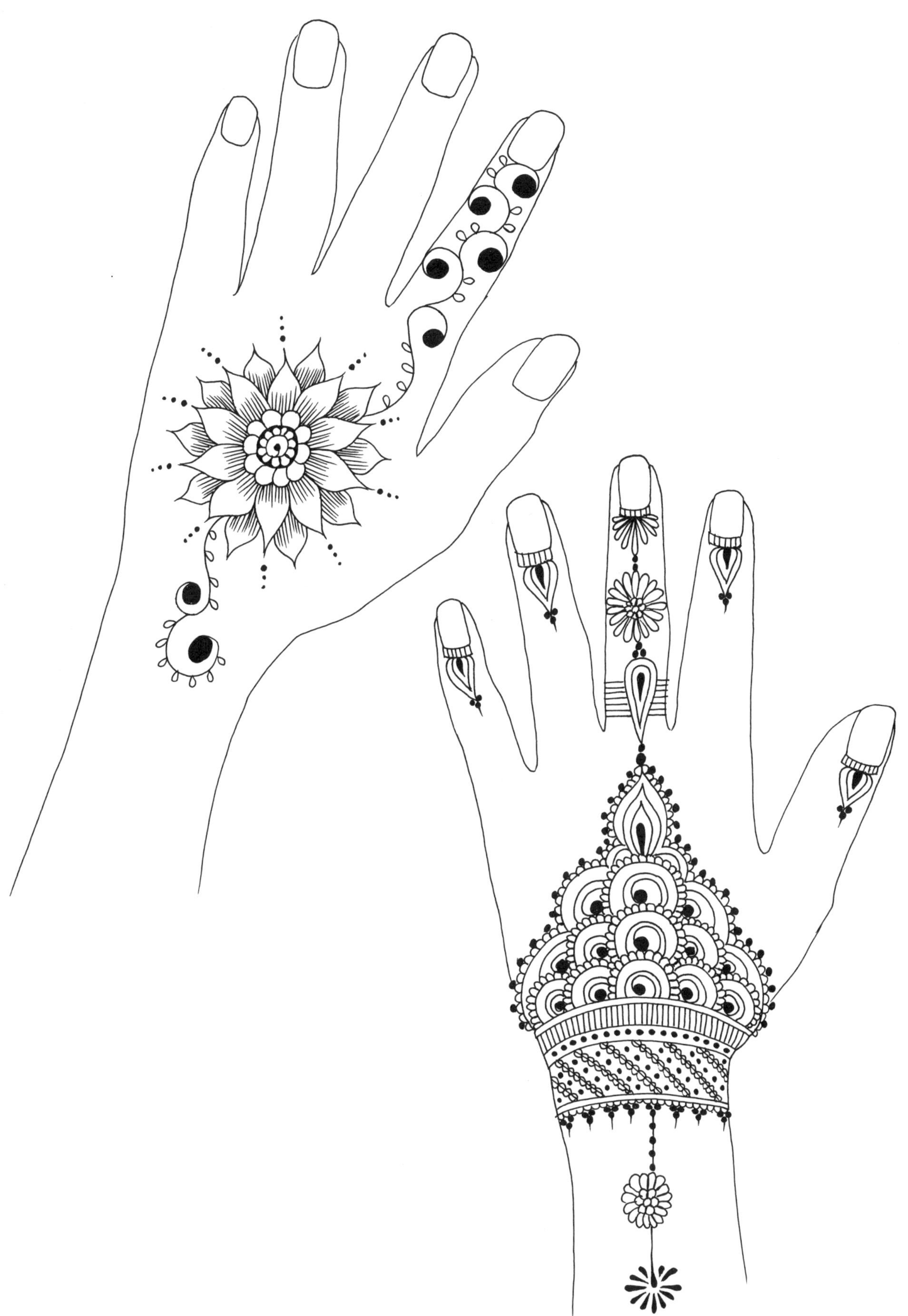

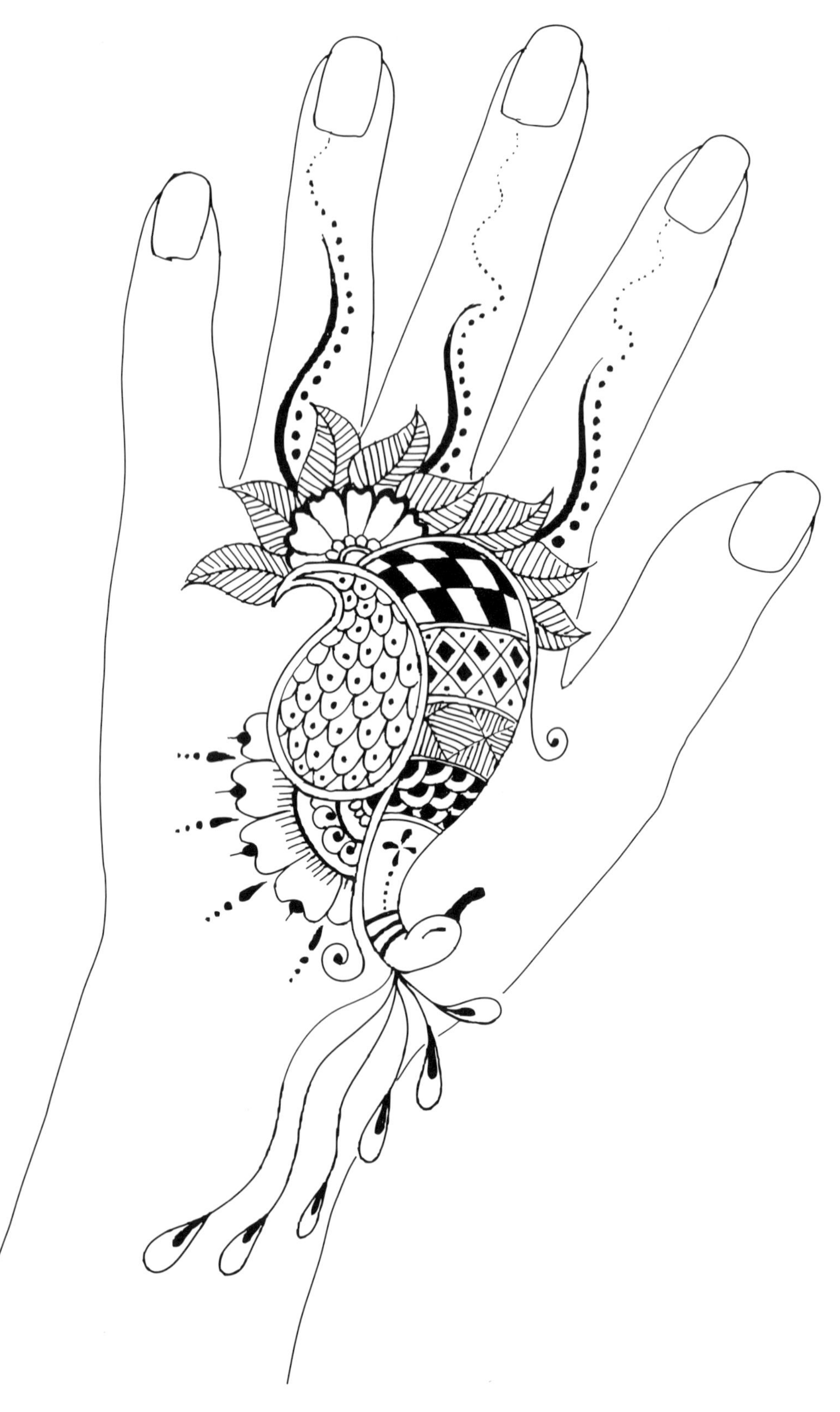

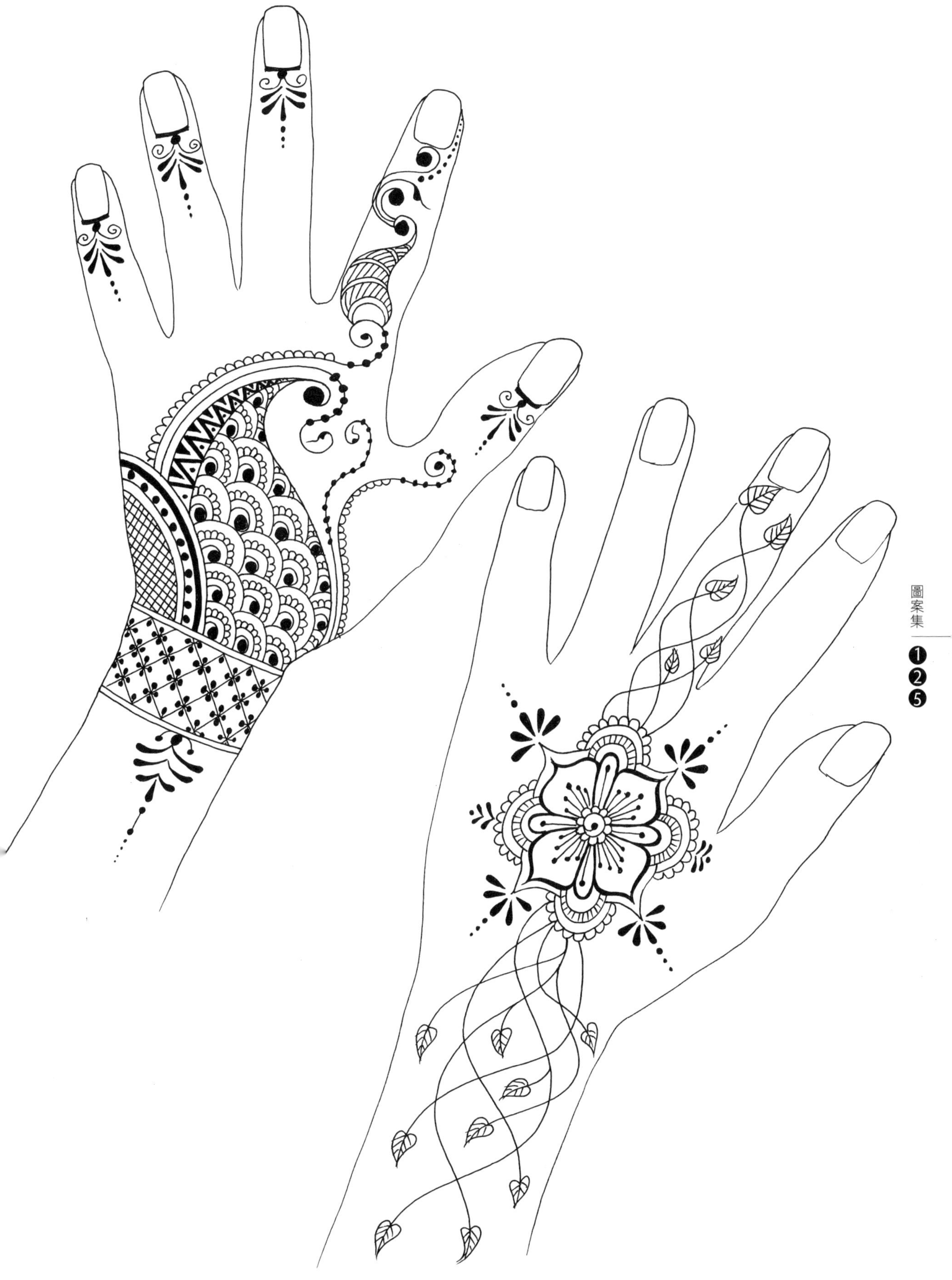

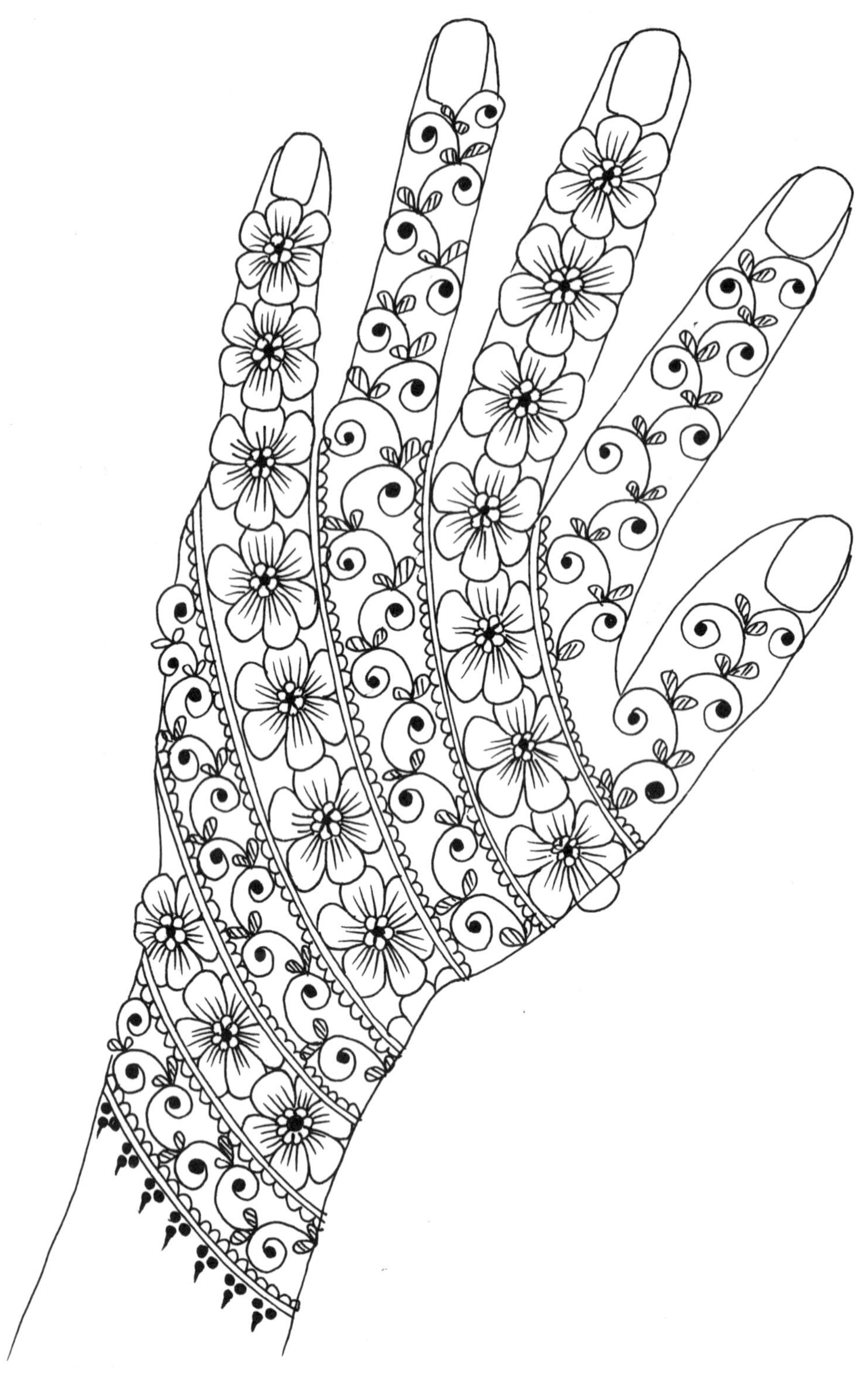

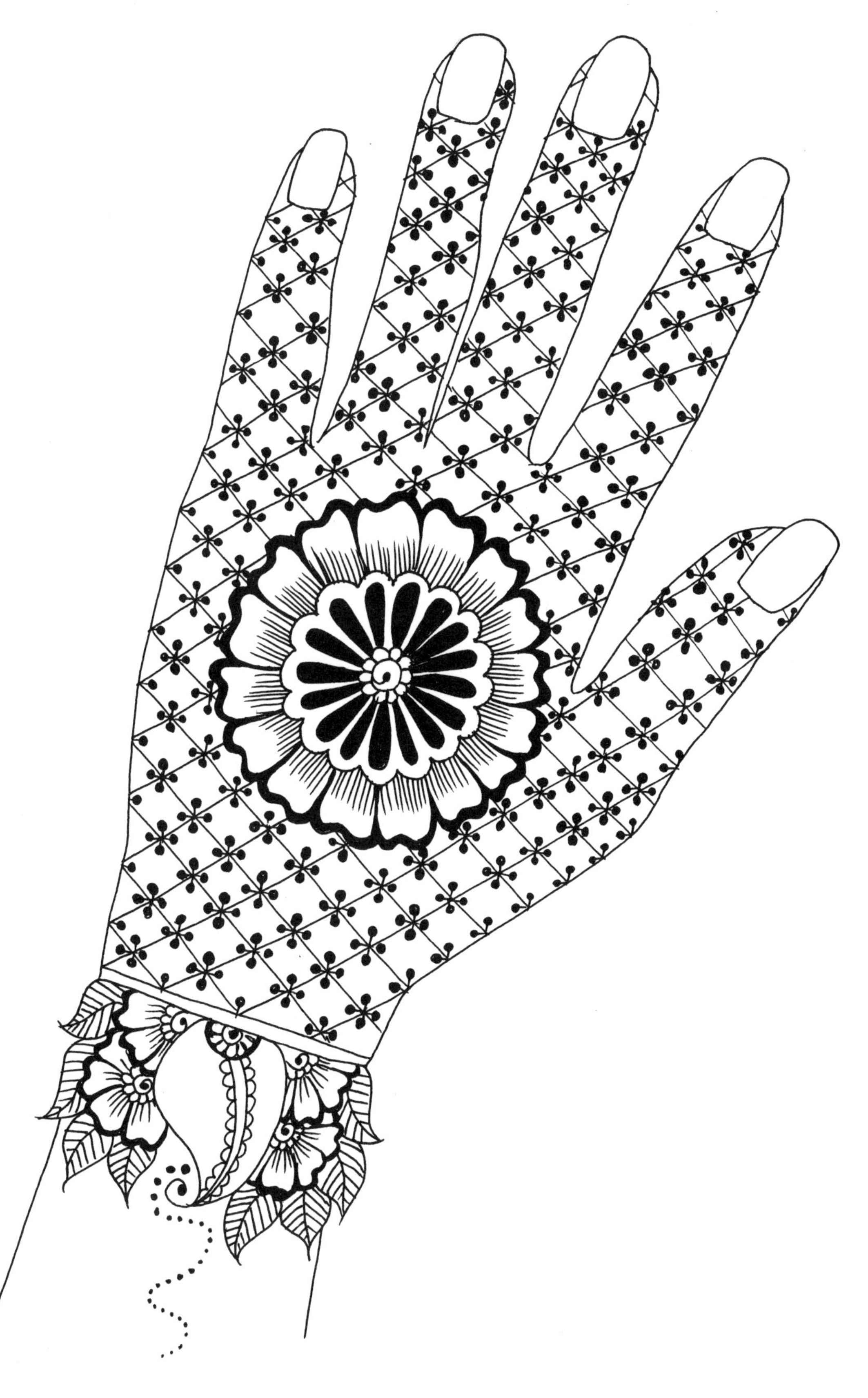

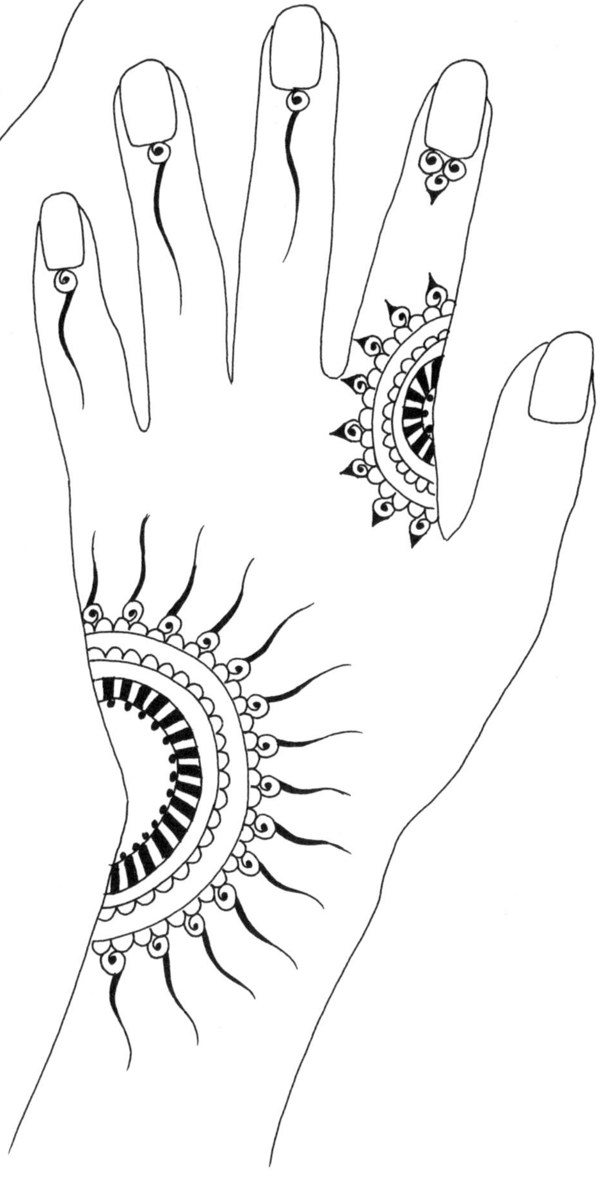

國家圖書館出版品預行編目(CIP)資料

HENNA,手繪召喚幸福的圖騰 / 陳曉薇著.
-- 二版. -- 新北市 : 良品文化館出版, 2017.02
面； 公分. -- (手作良品 ; 59)
ISBN 978-986-5724-92-4(平裝)
1.人體彩繪

425 106000400

手作良品 59

HENNA
手繪召喚幸福的圖騰（暢銷增訂版）

作　　者／陳曉薇
模 特 兒／賴文玲
發 行 人／詹慶和
總 編 輯／蔡麗玲
執行編輯／黃璟安
編　　輯／蔡毓玲・劉蕙寧・陳姿伶・李佳穎・李宛真
執行美編／韓欣恬
美術編輯／陳麗娜・周盈汝
出 版 者／良品文化館
戶　　名／雅書堂文化事業有限公司
郵撥劃撥帳號／18225950
地　　址／220新北市板橋區板新路206號3樓
電子信箱／elegant.books@msa.hinet.net
電　　話／（02）8952-4078
傳　　真／（02）8952-4084

2017年2月二版一刷　定價／450元

總 經 銷／朝日文化事業有限公司
進退貨地址／235新北市中和區橋安街15巷1號7樓
電　　話／（02）2249-7714
傳　　真／（02）2249-8715